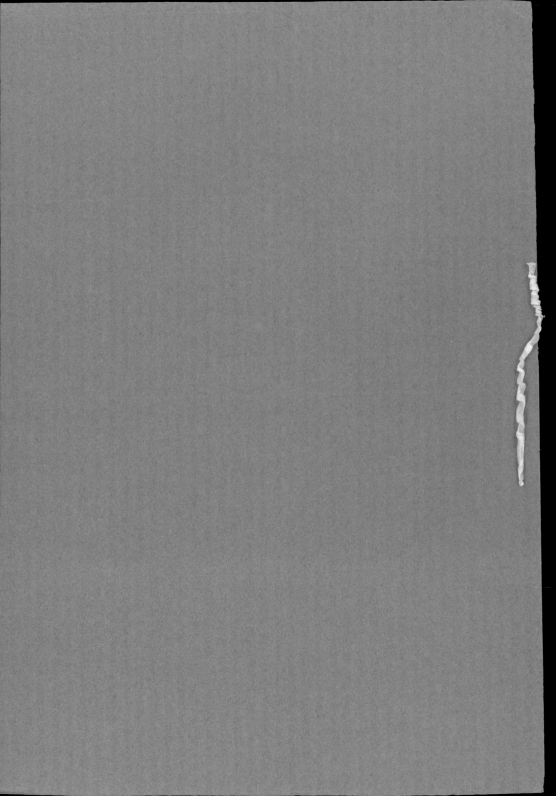

New Way 16

# 開個農場

沈珍妮◎著

匡邦文化

【獻給最親愛的媽媽沈王翠軒女士】

【推薦序】

# 浪漫背後

田新彬

最初讀沈珍妮寫農場生活的文章，心底就好像莫名被觸動，她的文字順暢，但蕪枝不少，常常寫著寫著就跑起野馬，不能聚焦主題，一看即知是寫作新手。但是，她筆下尋常道來的農場生活是那麼鮮活有趣，對大自然的觀察那麼細緻深刻，特別是一股少女的浪漫情懷流動在字裡行間，讓人悠然神往，眼前浮現大片綠油油的草地、淡紫色的天空、結實纍纍的杏子與櫻桃、瓶瓶罐罐的醃菜以及隨處走動啄食的藍孔雀、大白鵝、七彩雞、鬍鬚羊……。

天啊！她的農場不就是人人嚮往的桃花源嗎？

我一讀再讀，油然生起欣羨，素樸的文字、誠懇的語調、獨特的經驗……絕不是書齋向壁虛構，而是眞情實感的農場生活寫眞。相信打動我的，同樣打動其他人，不多考慮就選用在北美世界日報副刊上。

很快，我又收到她接續的來稿。榮任第一個讀者，知道位於加州聖他安娜峰腳下的十畝地農場，只有夫妻二人，清晨三、四點就得起床工作，晚上六、七點才收工，非常辛苦。但是朝露晨曦，晚霞夕照，沈珍妮從來沒有忽略大自然恩賜的美景。秋天皓月當空，忙完了一天的農活，她熄了燈，讓皎潔的月光照進屋內，與「農夫」靜靜相對用餐。「太太，我不知道在吃什麼！」「太太，我快吃到鼻子裡去了！」「農夫」忍不住抗議，珍妮仍癡癡地陶醉在溫柔的月光裡。

廚房水槽窗前有一棵山楂樹，初秋紅果滿枝，洗碗時，珍妮忙著看鳥，看樹，看果，「清水緩緩流著，幾個碗盤怎麼也洗不完！」

珍妮也不乏幽默感，關於農場的「性」事，她是這樣描寫的：「春天的時候，鵝區的鵝整天叫鬧著，追求的追求，結婚的結婚，不追不結的也在旁邊瞎起鬨，從早到晚不得一刻安寧。羊區大公羊忙著嗅嗅這隻母羊，頂頂那隻母羊，一個春季下來，可把牠累得慘兮兮，不成個羊樣。只有孔雀例外，雖然公孔雀會跳幾支優雅的舞步，母孔雀多數時間是用背在欣賞。」

農場生活也有很多不平順的地方，但是珍妮總能揶揄、調侃、幽默以對，或是設法思索個中深意，欣然領受，這是她的文章最動人的地方。

這個新作者，就像農場裡的沃土，等待更多發掘、灌溉和收成。

我寫信給她，希望多認識她，並邀她以「農婦手記」爲名，把農場生活一系列寫成專欄，在世界副刊發表。

她欣然應允。

二〇〇二年三月起，「農婦手記」陸續刊出，果然大受歡迎，收到許多讀者的讚美信。珍妮寫得更帶勁，也愈寫愈上手。我們常通信，她也常來電詢問寫作上的問題，認眞誠懇一如學生。

今年三月，珍妮返台探親。我們相約見面，她和我想像中一樣素樸，還有點憨憨的。我問起經營農場以前的生活，她描述大學畢業後，到美國求學謀職的種種糗事，讓我笑彎了腰，她天生有把艱辛困頓說成笑話的本事，一如她的文章。

我問起孵小鵝、小孔雀，挖魚池，建涼亭的「農夫」？果然也不可小覷，台大畜牧系、加州大學畜牧碩士，科班出身，難怪農、魚、牧諸多問題全靠他。一個務實，一個浪漫，兩人盼了三十多年的農場夢，在農夫五十「高齡」，孩子也長大離巢了，才終得拋開熱鬧十里紅塵，在異鄉築起夢中的桃花源。

《開個農場》記錄了沈珍妮和丈夫六年來一鋤一斧開墾荒地的經過，讓人有浪漫想像的農場生活與作物豐收的歡笑背後，是粗皮、老繭、做不完的農活、成噸的汗水以及頭頂藍天、腳踩黃土的踏實生活。

（本文作者爲聯合報系北美世界日報副刊主編）

【作者序】

# 自然的幸福

我們走遍加州的農地，從來沒有聽過聖他安娜峰，本地人也多不知道。搬來好幾年，才在鄰居芭芭拉（Barbara）口中，第一次聽到聖他安娜峰。芭芭拉有四分之一的印地安血統，曾聽家人提到聖他安娜峰。很早以前，印地安人從山峰後面下來，占領了土地，得到馬牛羊等牲畜，只有她知道聖他安娜峰。

當時芭芭拉用手隨意指指東邊的山頭，並未明確指出聖他安娜峰。山谷東邊連接不斷，高低起伏的山峰那麼多，哪一座是聖他安娜峰，沒人清楚。問來問去也都是一問三不知，圖書管理員乾脆拿書叫我自己看。本地的地方誌，簡略帶過幾句話：「肥沃的聖他安娜谷（Santa Ana Valley）背後是聖他安娜峰（Santa Ana Peak），高三一一二呎。」顯然確實有聖他安娜峰，附近的最高峰，不是一座虛無縹緲的仙山。美麗和寧靜，引領我們來到了遙遠的山腳下，這裡是人間仙境。

農場景物，年年不同。樹木長大，花果豐美；雞鵝羊魚，代代新生。山腳下的日子是新鮮的，也是平常的，我們過的是一般農家的普通生活。

「可以用小馬換你們家的小羊嗎？」養馬的鄰居來問我們。他心愛的女兒，喜歡我們農場裡那隻腹部有塊白毛的小黑羊，想用初生的小馬交換牠。我們捨不得小羊，一口回絕了。又有鄰居問：「你們賣蛋嗎？」我們的雞是「農場雞」（Range Chicken），生的蛋都是受精蛋（fertile egg），在市場上屬於高檔價位，看在鄰居份上，便宜出售。結果，她要了一打又一打，以後每週送貨，長期訂購，雞的飼料就有了著落。

農地上，藍檻鳥最不怕人，藍色的身影，有時在我們眼前跳上跳下、飛來飛去，嘴含小小的種子，深深的埋藏泥土中。等到種子發了芽，牠早已忘記這種子，新芽卻自立掙扎成長。小樹苗有的枯乾，有的營養不良，長得矮小被人踐踏，只有少數一兩株，根基發育良好的，成個樹型。還有強風會把它連根拔起；野火燒了它；擋在路上，人也要除去它；牛馬走來啃嚙它，能夠長大成爲

巨樹的，實在不多。山腳下，沿著谿谷，一路彎彎曲曲的有許多加利福尼亞楓樹，高約七、八十呎，是我們與鄰居的天然屏障。落葉散盡時，鄰舍半隱半現在樹桿中間，他們一定也可以似有似無的看到一些我們的燈影。巨樹使鄰里間的距離亦遠亦近。這些巨樹，當初也是從那麼小一粒種子開始，堅忍不拔的成長。每天，我看它們努力向天空伸展，我敬佩它們的毅力。

夜晚，時有野獸出襲鵝區，命大的鵝沒有上西天，次日清晨，瘸了腿或胸口被咬個大洞，一拐一拐的走在草地上。看牠氣息微弱像要斷了氣，掙扎著、爬著，一口氣透過來又走了幾步路。數天之後，傷勢好轉，仍是個英雄好漢。動物求生的意志就是如此堅強。

大自然，植物最平和，爲了求生存，大樹蓋住小樹，大根纏住小根，自生自滅。動物打鬥、殘殺求生存，繁衍後代，除此之外，互不干擾，尚可共處。反觀人類，貪心又自私，爲了擁有，強取豪奪，還要貪多、記恨、報仇，種種惡行，終至於殺戮。令人感歎，人不如獸。

山腳下平淡的日子像山谷的溪水匆匆流過，點點滴滴印在我心頭。我們從平地建立農舍，從荒地開闢農區，初期的早晚忙碌，到現在井然有序，我可以坐下來寫點東西，農家的苦與樂，沒有親身經歷怎會知道。第一年，我們是滿腔熱情，埋頭墾荒；第二年，乾硬的田土使我們了解墾荒艱難；第三年，灌溉系統逐步完成，我們開始規劃農區；第四年，田土已鬆，農區陸續開發；第五年，滿眼綠意，開發完成。五年農耕，我們從開始學習做個農夫，到今天仍在學習當中。大自然是我們的老師，圖書、電視、電腦，提供我們日新又新的資訊，要學的東西太多，「活到老，學到老，學不了」。我們有如地上小草，接受雨霧的滋潤，不停的吸收。孔子說：「學而時習之，不亦悅乎。」所以我們份外珍惜聖他安娜峰下美麗的學習環境。

開創農場的艱辛，農夫比我更清楚，他投入最多的心血，可以說，沒有農夫，便沒有今日的農場。農夫說，沒有我與他合作，他不會來到聖他安娜峰下做農夫。我感謝農夫實現我們的農場夢，我眞心喜歡這山腳下的農場。

# 目錄

目錄

# 目錄

# 開展

# 1

# 討「土」人

老一輩的人都說，靠山吃山，靠海吃海。山腳下的人家，不是種菜植果，就是養馬牧牛，依靠土地，務農過日子。

老公五十歲那年，我們決定走向農村。

聽到我們要下鄉農耕，公公關心的問：「五十歲了，還做得動嗎？」

年紀半百的他，除了視力尚可，頭髮斑白，耳朵不靈光，有幾顆鬆動的眞牙混在滿口假牙當中。幸而年輕時頗注重運動，身體還算強壯有力。他對自己充滿信心，毫不思索的回答：「再不開始，就更做不動了。」表示了他的決心。

我髮未白，臉上卻早已爬滿了條條的皺紋與點點的黑斑，「五十肩」還隱隱的作痛著。不怕太陽，不顧疼痛，我與他共同投入大自然的懷抱。

他做農夫，我做農婦。

# 加州覓地

這是我倆三十多年前的一個夢。當時的我，未滿二十歲，他也才二十出頭。夢中，我們有塊地，地上有間小農舍。從台灣到美國，我們鍥而不捨的尋覓一塊理想的農地，希望腳踏實地的過日子，心底嚮往的就是田園生活。說來簡單，其實哪會那麼容易。農地與住家一樣，地點適中、設備齊全、風景優美的，價格一定不俗。整頓不力的荒山野地，上有傾頹破敗的農舍，加上四鄰雜亂無章，即使半買半送，誰又敢要？

當年在台灣，我們曾經努力的東挪西湊，計畫購買東岸花蓮附近交通偏遠的一個小山頭，墾殖開發，大展鴻圖。怎知政府宣布花蓮建港，一夕之間，東岸土地狂飆，這下子，連山頭上一小塊花崗岩石我們都碰不起了。美麗的希望，跟隨花蓮港繁忙的國際遠洋輪船，化做串串水花，消失得無影無蹤。

來到加州，我們繼續尋覓。由北到南，由南到北，經紀人帶我們看了不知多少地，有些地甚至看了不少遍。我們中意的好農地，他人早已捷足先登，我們總是遲一步。剩下來盡是些會積水、坡度大、石頭多、土質不良、水質有毒，令人頭痛的農地，我幾乎認爲自己是被幸運之神遺忘的。而經紀人再也忍不住了，他說：「多少人來到加州開墾，爲什麼只有你們找不到一塊滿意的地？」說穿了，還不是「荷包」問題，我要過日子，就得精打細算。

千挑百選，「理想」的農地終於找到了。經過七彎八轉的小路，它穩穩地依傍在高山底下，因爲土地四四方方，所以我們看上了它。據說，當初地主拿這塊地向四鄰促銷，無人表示興趣，因爲他們比住城裡的地主更明瞭，他們扔了多少垃圾、排了多少水在這荒地上，傻瓜才會看好它。

而我們做了大傻瓜。

# 多角經營

從矽谷（Silicon Valley）開車南行，經過大蒜城吉爾若（Gilroy），出了縱貫加州南北的一〇一號公路，向東一直朝山的方向走，山腳下就是我們的農地。一路上，洋蔥田、青椒田、玉米田、生菜田、番茄田、胡桃園、櫻桃園、杏園、葡萄園、火雞場、鴕鳥場、奶牛場、養馬場、花圃苗圃。這些農地，多則百餘畝，少則幾十畝，大片碧綠的青椒、鮮紅的番茄、黃艷的杏子、紫晶的葡萄、白淨的火雞、灰黑的鴕鳥、赤褐的駿馬……景物跳接，眼睛都花了。一個本地最大的牧牛場，擁有附近一望無際，連綿不絕的青山，山頭一個接一個，一時也數不清。我們十畝地，屬於很小、很小的小農，大農若傾銷，小農鐵定吃不完兜著走。小農與大農擺明了無法競爭，唯有發展自己的特色，才是小農求生存之道。

我們的特色在多角經營。原則上，農地規畫成：南邊羊區、西邊鵝區、東北雞區、中間果樹區、東邊蔬菜區、玫瑰區、葡萄區與兩個蓄水池塘魚區。這給我們比較多選擇的機會，無論那一區開墾成功，我們都有好的收穫。

鄉下地方也有類似台灣農會的機構，由加大農學院派人輔導當地農民，研究並解決農業上問題。我們去農會，一位滿臉大鬍子的輔導員來接待我們，很有禮貌的聽完我們多角經營的計畫，我想他內心一定在暗笑我們「癡人說夢話」。通常一個果園，從灌溉、除草、施肥、修枝、疏果到採收、運藏，幾個Amigo（朋友，源自西班牙語）已經忙得人仰馬翻，我們東邊一區，西邊一區，搞了不知多少區。看他沉思良久，一下搖頭，一下又點頭，最後面色凝重提出結論：「至少得僱二十個工人幫忙。」看了我們一眼，他接著問：「你們有多少人？」我們答：「二人。」相互指一指對方，如此而已。大鬍子猛搖頭，直說不可能。

我們哪有能力僱用二十個工人？最多我們二人，一人當十人用，不就有二十個人工了嗎？這絕不是在玩數字遊戲。人家大農地大，種植或飼養的又是同一種植物或動物，可以完全使用農機代勞，機械耕種、機械收穫、機械餵飼，百畝地上除了偶爾有幾個操作機械的人手，平時幾乎不見人影，常令人懷疑，農夫在哪裡？小農多使用雙手或半機械耕作，效率不高，尤其我們，分區繁多，各區又有不同的工作需求，從早到晚只見我倆忙進忙出，奔波在東南西北區之間。日頭高照，四野無人，小鳥都躲進枝葉茂密的樹梢去乘涼，我們仍在田中揮汗如雨，一刻不敢停歇。鄰居開車經過，好心的拉直嗓門喊著：「別太累了。」

在他們眼中，我們是不知死活的農場工作狂。

## 老農不老

天剛露白，雄雞喔——喔——的啼聲響徹山谷，一天開始了。農場飼養的動物有雞鵝羊魚，牠們生活規律，總是跟著太

陽走。黎明即起進食；天黑即息睡眠。清晨，我們去把雞門鵝門打開，放牠們出來啄食；傍晚，雞鵝回籠，我們關門，以防野獸混進去飽餐一頓，雞鵝就遭殃了。天黑前，餵完最後一把飼料給魚吃，也是我們休息的時候。我們跟隨動物，日出而作，日入而息。夏天日照長，我們工作時間也長，從大清早三、四點鐘，一直忙到晚上九、十點鐘，日落西山，工作時間長達十幾小時；冬天日照短，工作時間相對縮短，最短時間從早上七、八點天亮上工到下午三、四點天黑收工，總共只作七、八小時的工。漫漫長夜，我們都待在屋內盼天亮，也許天生勞碌命，無法工作對我們來說簡直是痛苦的折磨。

　　這塊荒地上什麼都沒有，只有野草。別說野草需要春雨的滋潤，我看，幾滴露珠就能讓它爬滿一地，除都除不盡。羊區鵝區雞區需草，野草的營養成分低，必須種牧草給牠們吃；果樹區玫瑰區魚區不需草，又得用割草機不停的除草。除草又種草，種草再割草，從年頭到年尾，我們爲草事忙不休，一晃五年過去。

　　歲月不饒人，若非我們實地墾荒，還眞不心甘情願承認自己年華已老。說他視力尚可，釘個釘子，榔頭不去敲釘子，專敲手拇指頭，只要聽見他哇哇大叫，不用問，一定是又敲到手了。偏偏他又不服老，雞舍漏水，他獨自上屋頂鋪防雨布。他做事總是專心一意，一寸一寸的鋪展防雨布到屋簷，沒注意一腳踩空，「人從天降」，著實嚇到他了。幸好他自己釘的雞舍才五呎多高，並不太高，還算運氣的是人未受傷。事後講起，心有餘悸，他這才感覺到老了。本來我的體力就沒他好。農場初創，灌溉系統尚未建立，每天一早一晚，我提著大水壺來回不停的澆水，「五十肩」疼痛愈加嚴重。這些新種的小樹苗，在泥土中才把根舒展開來，怎能一天不給水？我只好繼續提起水壺一株一株的澆灌，直到灌溉系統完成。肩膀受傷，至今仍在復健。

有時我不免自問，五十歲的農夫老嗎？住在小路前頭的安吉利諾（Angelino）已經八十好幾了，無論颳風下雨，天天看他在地上搬運機器，替人修農機。火氣還特別大，一不高興，立刻破口大罵「Son of ……」（狗娘養的），聲音傳進山谷，四鄰都聽到。原來他老人家最討厭年輕人懶惰又不負責，幾乎沒有一個替他工作的小伙子逃得過挨罵。和安吉利諾比，我們哪能算老？可以肯定的是，我們的青春早就像飛越農場上空的小鳥，一去不回頭。我們的體力正逐漸衰退，那是再也追不回來的事實。我順口喊一聲「老先生」，立刻得到「老太太」的回應，這是我們的直覺，彼此互相提醒，青春已逝，傷了身體損了筋骨，誰都賠不起。

## 農機代勞

我們到鄰村的韓國農場拜訪，看他們種韓國小辣椒，韓國黃香瓜。老父老母，駝著背、彎了腰，也參與工作。農場裡面整理得很乾淨，不見雜草，女主人驕傲的抬頭挺胸，大聲對我們強調：「No Chemical（化學）」、「No Machine（機器）」。我們也可以大聲的說：「No Chemical」，但我們使用機器，機器可以作好幾人的工，「No Machine」農場不能動。

我們的機器有手推耕耘機（Rotor Tiller）一台，曳引機（Tractor）兩台，最新型與老骨董機型各一，割草機（Mower）三台，手提、手推、可駕駛的各一，切碎機（Shredder）一台。

菜區翻土犁地，使用手推耕耘機（俗稱小鐵牛）來回走幾趟，鬆土、畫線，很快完成播種。新型曳引機能拖、能拉、能推、能舉、能挖、能壓，用它犁果園、羊區的土地，挖池塘、清溝、搬運，發揮各種功能，我們省力不少。老骨董與我同年齡，工作有氣無力，比我還不如。待在車棚，占去一個車位，棄之又可惜，眞拿它沒辦法。

滿地長的野草是永遠除不完的。當它還細小如牛毛，用耙子耙出土，太陽一晒便乾死。錯過了細小期的野草，等它們長大，得用割草機。平地上，駕駛割草車十分便捷；地面有高低起伏，推動重型手推割草機，強而有威力；樹邊花邊溝邊則用手提割草機，輕巧靈活。割草機割出一片綠意映窗前，美化了農地，也美化我們的心靈。

切碎機（Shredder）處理修枝，馬達一開，大枝小枝往裡塞，出來便成碎屑，堆起來

作堆肥（Mulch），明年使用。

人做工需要休息。機器雖好，也總有罷工的時候，需要保養。平時他這邊敲敲那邊打打，皆可應付。遇有難題，好在我們還認識了一位號稱修理大王的「王師傅」，只要一通電話，「王師傅」立刻在線的另一端遙控指揮。不知是師傅神通，還是農夫聰穎，只要幾通電話，難題迎刃而解。只有難題深藏在引擎內部，人的眼睛無法直接看到難題，農地上的工具又不全時，才讓農夫傷腦筋。與師傅電話熱線討論結果，問題出在「眼睛不夠長」，只得送去勞駕師傅動手。僅此一次。

許多矽谷小城鎮常以本身的特產自豪，如Gilroy（吉爾岩）盛產大蒜，就被人們譽爲「Garlic Capital of the world」（世界大蒜之都）。詳細介紹可上網 http://www.ci.gilroy.ca.us/ 查詢。

# 2 無化學

具體的捕蟲還是靠自己動手捉蟲。當幼苗、幼株、幼果初長成形，一行一株的檢視嫩芽，發現蟲害立刻就地處死，一週內複查一遍，不知省了以後多少的麻煩與損失。

# 35 開展

多角經營的農場，難的是無法決定從哪一角開始才好。養羊，圍籬尚未釘好；養鵝，水管需接通；養雞，網子還沒張掛；養魚，池塘等著開挖。看來，只有先從種菜著手，比較簡單。

種菜最好是酸鹼適中、排水良好的中性壤土。我們農地土質屬於二級酸性黏土。黏土排水慢，水分太多便成爛泥漿，行走上面，腳都拔不出來。水分不夠則硬如石塊。在酸性黏土中摻入石灰粉，酸鹼中和，再經多年翻土種植，表土鬆軟，有助土質改良。這地十幾年無人耕種，說它是處女地，也不爲過。地表堅固緊密，又値炎夏長久乾旱，要翻土種菜，眞難。

菜區預定地在東邊，灌溉井遠在西南角落，目前灌溉系統還在藍圖階段，種菜得先從「看天田」開始。等啊等，不知何時何月才能下種。一直等到秋天的第一場雨下過，田土稍軟了，農夫推一台普通家用割草機大小的小鐵牛（耕耘機），走在前面翻土，突！突！突！小鐵牛怒吼著。我尾隨後面，手拎桶子，裝滿了已經剝開的蒜頭，沿小鐵牛挖出的淺溝，一粒一粒放下蒜瓣，用力將田土踢蓋上面。老天對我們還算不錯的，接連又下了好幾場雨，蒜苗開始發芽了，野草也同時發芽。

當初我們決定不用化學肥料與農藥殺蟲除草。野草很快就長過蒜苗，蒜苗田需除草。選了一個清風吹拂的秋涼天，我們趴在地上，將頭埋進滾滾的草浪中，一行一行又一行的剔除野草，眞後悔那時種了太多行。收工時，我們的腰桿已經直不起來，野草與蒜苗都分不清楚了。從前農夫朝九晚五，坐在辦公室，翹個二郎腿，多麼愜意！怎可與現在的辛勞同日而語，朝五晚九，所得更不知相去幾多，當即宣佈「本農場蒜苗一磅一百元」。哈！他一定是累昏了頭，產地價能賣出一磅一元，已經叫人偷笑的了。

## 勤於動手

雜草並非地上唯一的麻煩。植物生長，開花結果，蟲子跟隨而來。菜有菜蟲，瓜有瓜蟲，果有果蟲，最噁心的是蘋果裡頭吃出一隻毛毛蟲！

不用化學殺蟲，有人用瓢蟲捕食蚜蟲，大約需一千八百隻瓢蟲，可以捕食將近十平方呎的蚜蟲。我們地上需要八千一百萬隻瓢蟲，漫天的瓢蟲，遮蔽了天日，誰要那麼多瓢蟲。又有人養雞捕捉昆蟲，花芽葉芽，雞也一口一個啄食，看了叫我心疼。具體的捕蟲還是靠自己動手捉蟲。當幼苗、幼株、幼果初長成形，我一行一行，一株一株的檢視嫩芽，發現蟲害，立刻就地處死，一週內複查一遍，不知省了以後多少的麻煩與損失。依循螞蟻路線或變形變色的葉片，也可以找到蟲害的足跡。牠們繁殖迅速，一隻生幾十隻，幾十隻又生幾百隻，迅速爬滿每一張葉片，等到花葉果實變成畸形，再挽救就太遲了，樹已被毀了。馬路對面番茄農場的小組長，經常一個人騎摩托車巡視番茄苗，他眼睛一掃過，便知蟲害，立即叫手下的工人噴藥。趁早除蟲，總比太遲的好。女友聽說要動手殺蟲，嬌嗔著好可怕。她自有辦法叫他動手就好了，可真有一套。萬一她和他都不敢動手，頭就大了。

蟲害雖多，惟「勤」而已。經常的視察，不但蟲害易除，更可以深入了解植物生長情況，絕不會錯過農時。

# 天然補品

月色漸淡，天剛剛亮，農夫拿鋸子與大剪，朝圍籬的方向走去。秋末，正是修枝的時候。這兩天，我們要修剪圍籬四周三十幾株比較高大的柳樹。柳樹長得快，趁它們年幼，主幹還細，大大的修剪，最好是剪到舉手容易搆到的高度，將來修枝不成問題。否則三五年內，即成巨柳，眼看彎彎的柳樹枝，一年比一年接近雲端，面對它粗大的主幹，束手無策，只有搖頭興嘆的份兒。

三十幾株柳樹的修枝剪下來，粗枝細枝堆得高高的，等它們乾了點火燒枝，足足可以燒它幾個鐘頭，剩下來灰一堆，倒回地上化成土，是很好的肥料。將剪枝塞進切碎機，切成小碎片，加上割下的青草，還有廚房丟棄的老葉果皮（非魚肉類），統統堆集在角落，澆些水維持濕潤，偶爾上下翻攪幾下，丟幾隻蚯蚓幫助空氣流通，經過半載一年的，顏色烏黑，爛作一堆，就成堆肥。堆在作物根部，營養花果菜葉，是寶貴的「黑金」，自製很容易，需要一點時間罷了。

普通家庭不用切碎機，直接把樹枝剪成小段與樹葉、青草、廚餘堆在一起，時間久了，自成堆肥。橘科（檸檬、橘子、葡萄柚）與玫瑰的樹枝不易腐爛，捨棄不用。爲防止小動物翻尋覓食，廚餘亦可不用。

平日裡，我多在果樹區、玫瑰區、葡萄區、菜區工作，農夫在羊區、雞區、鵝區、池塘忙個不停，我們各忙各的，碰頭的機會並不多。玫瑰盛開，每週一次，我給玫瑰修枝，剪下凋謝的花朵餵羊。風吹玫瑰飄香，我心中還念著馥郁和清幽的金銀花、茉莉花、桂花、含笑花、百合、野薑、蠟梅、夜來香、鳶尾蘭，四季不斷的送香，我滿心芳香看見農夫從遠處走過來，含笑對他說：「農場好香！」還以爲他會同意我的看法，他楞了一下，掃興的說：「農場好臭！」我有些不明白。他沒好氣的說，「掃雞糞，不臭嗎？」雞糞確有異味，

但它滋養我的作物，花香、果碩、葉肥，我一點都不討厭它。

事實上，雞肥（Chicken Manure）才是植物生長的萬靈丹，也是最好的天然補品。我們農場，今年給誰雞肥，明年就吃誰。使用方法採中庸之道，太少嫌營養不夠，多放毒害植物本身，過多還會致死。愛之足以害之，寧取少不可貪多。

純的萬靈丹，乾後呈橢圓形，是大補的丸藥。城市訪友，餽贈袋裝萬靈丹，朋友如獲至寶，樂得闔不攏嘴。只要放幾粒在植物的根部附近，有夠補了。

## 科學灌溉

陽光、空氣、水是維持生命的三大要素。農地用水，就像汽車用油，不可或缺。父親想像我們給水的情形是非常落伍的，手拿橡皮管，一棵樹一棵樹的澆水，再提桶子，雞區、羊區、鵝區的配水。一天下來，樹沒澆完水，動物搶水喝，人也累得癱倒，什麼事都別想作成。果眞如

此，現代人誰敢務農？

時代進步，科學知識日新月異，帶給我們許多實用的新觀念。農場每一區的用水方式都不相同，有的淋、有的噴、有的澆、有的滴、有的灑、有的灌，開水方法卻完全一樣，只要輕輕用手指一扭開關，農夫自己設計的灌溉系統立刻分區自動給水，該淋的淋、該噴的噴、該澆的澆、該滴的滴，省時又省力。其中羊區草地噴水最壯觀，鋪在地上一字排開四分之三吋鋁管四、五行，每隔二十呎一個T形噴頭豎立其上，總共二十幾個噴頭，利用水壓，規則性的同時作三百六十度旋轉。噠！噠！噠！

噠！噴出霧狀水柱高十幾呎，澆灌青草地，無一處遺漏。這時，水閘的儀錶正在瘋狂超速旋轉，我們灑的是「金子」。

二號池塘邊有風車，高十六呎，利用天然的風力將新鮮空氣打入池底，給魚增加氧氣，改善魚的生活品質，魚更健康。風車靜止，水面平靜光亮，水中魚游。當風車的葉片被風吹動，壓縮空氣，通過管子輸入池底，池中央開始冒出了朵朵水花，風車轉動愈快，水花愈大，池內氧氣也愈多。魚兒爭先恐後的隨著水花翻滾跳躍，快活張開嘴在笑。不可否認，健康的魚是上等的魚。

山羊的破壞力大，牠們會攀、會爬、會鑽、會啃，不限制牠們活動範圍，地上的花果菜葉都給糟蹋了。農場被毀，牠們鐵定是劊子手。羊區電圍籬使用太陽能發電，每隔一秒鐘放出一千五百伏特的電，電壓高流量卻很小。我不小心被電過，刺刺麻麻的感覺，令人戒慎，不願再靠近電圍籬一步。有一兩隻羊的皮毛特厚或感覺遲鈍，可以從電圍籬下面鑽進鑽出，來去自如。電圍籬對牠們完全不發生作用，農夫將牠們移住禁區。特異功能反而使牠們失去了自由，幸或不幸？

一九七三年，加州有機農民組織（California Certified Organic Farmers，簡稱CCOF）成立，此爲北美第一個致力於有機農業認證與推廣教育的組織。有興趣的讀者可上網http://www.ccof.org/查看。

行政院農業委員會也於一九九八年設置了「有機農業全球資訊網」http://ae-organic.ilantech.edu.tw/，詳細介紹有機農業之意義、台灣與其他國家有機農業之發展與現況，值得參考。

# 3

# 自建農舍

農舍建好，第一個冬季大風大雨，農夫在屋內想著地基兩邊差一點，窗框歪一點，屋頂三夾板有隙縫，憂心得不得了。一住五年，農舍好端端的，絲毫未受風雨的影響。

哪個老中心裡不想有棟屋？

看人臉色、寄人籬下的日子實在不好過，得趕緊開源節流，好歹買棟屋，一家子才不會去喝西北風。不懂開源節流，也懂縮衣節食吧？少吃少穿，甚至不吃不穿，幾年下來，不就有一棟屋了。

有了屋，再買屋，一棟接一棟的買，好像在玩「大富翁」。如果能夠打聽到有路有橋出售，相信許多老中一定大大有興趣。坐收買路錢，更過癮。

老美也愛屋，但與老中不同。

老中選擇人多的地區，商業區是老中聚集的地區，最好。老中越聚越多，不久便攻下一城。老美則偏愛人少的地方，山之巔，海之角，林深不知處，蜿蜒小路盡頭，都是上上選的好地點。

有一次，我們看地，來到荒涼的墳場隔壁，心中已經毛毛的。這棟屋，並不會因爲在墳地邊而因陋就簡。五房幾廳，三座壁爐，設備高雅，一應俱全。

我問主人：「與墳地爲鄰的感覺如何？」

主人滿臉喜悅的說：「很安靜，沒人打擾你。」

我再問：「孩子多嗎？」

主人說：「都當成客房，客人來了鬧翻天，鄰居也不會抱怨。」

既不吵鬧，又不抱怨，是理想的鄰居。附近一些小鎮發達後，鎮上原來的墳地，演變成鎮民的鄰居，有人選擇住在墳地邊，我們不是那種人。

## 建屋

人人都想要棟屋，我們做農不怕吃苦耐勞，夜晚總要找個地方安歇，當然也要有棟屋。

走遍加州南北，看過些農地上的農舍，小農天天下田耕作，住破農舍，苦哈哈，沒時間也沒閒錢修建陋屋，大農或紳士農夫（gentleman farmer），錢多多，農舍巨大美麗像皇宮，價錢也美的冒泡兒，以我們的財力，只能買那大門口的工人房，說不定還買不起。

高不成，低不就，農夫決定找塊地，自建農舍，屋大屋小由自己，最理想了。

決定自建農舍是自尋煩惱的開始。

農地擺了一年未動工，因爲煩惱的思緒，一時理不出個源頭來。總工頭（general contractor）就不知去哪裡找？總工頭的班底包括木工、建築工、電工、水管工、油漆工、磁磚工、粉牆工……反正，有了總工頭，建造房屋所需的工人全都有了。

打聽結果，找到一位本地人Tony，做我們總工頭。

Tony有多年建築房屋經驗，他的動作快，立刻開工打地基。地基打好，我們興匆匆來到農地，欣賞農舍跨出的第一步。

農夫取出早先準備好的皮尺，認眞測量水泥已乾的長方形地基四個邊，量了又量，發現兩邊的長相差一吋，寬則差半吋。他打電話給總工頭，告訴他測量的結果。Tony建築房屋各種事情見多了，他說：「Mr. Wang, you worry too much.」他覺得不重要，不打算修正這差距。

農夫沒有實際建屋的經驗，理論上，拿我們從小搭積木造房子或在紙上畫房屋，相對的邊總要一般高，否則積木會倒掉，或紙上的房子畫歪了。農夫擔心這地基。只是既然請Tony做總工頭，總得信任他。

星期假日，有空我們常往農地跑。釘柱、架樑、隔間、內牆、屋頂、工程進展十分順利。這些年輕老美的體格眞好，拿三夾板上屋頂，一點不費勁；走在鋼索一般的橫樑上，如履平地，平衡感也不錯，做建築工人眞不簡單。

窗框做好，準備裝窗子，我們看到這些窗框，怎麼看都不正，問Tony，Tony只會說：「Mr. Wang, you worry too much.」他去市上買來一些三角形的木頭角，安裝窗子的時候，塞在斜過去的一邊。果然，窗框是歪的，窗子卻是正的。還是Tony有辦法。

後來，這批年輕的工人，整天飛車開進開出，走在無人的泥土小路上，塵土滾滾幾里遠，惹的四鄰抱怨我們不管工人。跟Tony說了，Tony又說：「Mr. Wang, you worry too much.」我們只好自己接手做內部裝修。

子女那時尚未成家，兒子住家裡，油漆、釘地板，他幫忙出力，女兒住外地，與未來的女婿阿亮回來，一起完成油漆。

油漆漆好，我們請電工Roy來安裝電器。Roy是個帥小子，新婚不久，他的電話永遠沒人接，留話又不回，人來了也是昏頭脹腦的。

他安裝屋頂的電燈，天花板平，他的電燈直下，沒問題；客廳、飯廳屋頂高，天花板斜，他的電燈跟著天花板斜過去，與天花板成直角，我不知道燈光照在哪個方向，看起來彆扭極了。請他取下電燈，

另換垂掛式的燈，鍊子隨地心引力垂直掛下來，與地面成直角，看著順眼多了。

終於逮到他在家，請他安裝抽油煙機。很快裝好了，臨走時他告訴我們：「裝是裝好了，你們一時不能用。」

「有什麼問題嗎？」

「你們抽煙孔的木板還沒取出來。」

「什麼？」

「再見。」

來不及解釋清楚，Roy 趕著回家去了。

農夫將抽油煙機拆下來，拿走抽煙孔的木板，把抽油煙機重新裝回去。再也不找Roy了。

農舍建好，第一個冬季的大風大雨，農夫在屋內，想著地基兩邊差一點，窗框歪一點，屋頂三夾板有隙縫，憂心得不得了。

一住五年，農舍好端端的，絲毫未受風雨的影響。Tony是對的，「Mr. Wang, you worry too much.」。

# 森林小木屋

矽谷興旺之後，鄉下來了許多矽谷人，他們有的是電腦工程師，有的是商業企業頂尖人物，他們嚮往農村生活。於是，杏園、櫻桃園、胡桃園、養牛場、養羊場、青菜田、草莓田中央，出現一棟一棟美侖美奐的大農舍宮殿。

農家種果樹青菜，辛苦除草；他們請專人種草皮，保養草皮。農家門口擠了一堆接近報廢的破銅爛汽車；宮殿的門口，名牌新車似金玉般的閃亮耀人。

矽谷離鄉下的車程，少說也要一個半小時，除非開車八九十哩的速度，或可縮短時間。清晨，矽谷人趕著去上班，一個紅燈，路口停車，車隊排得幾哩長，下午趕回家，一樣得排隊。何苦呢？

只爲了多看看山、看看雲、看看小溪谷；只爲了多看看果樹、牛羊與青菜；只爲了「Home on the range（山間的家）」。

Oh, give me a home
Where the buffalo roam
Where the deer and antelope play
Where the seldom is hear
a discouraging word
and the skies are not cloudy all day

在這裡，除了水牛（buffalo）與麋鹿（antelope），所想要的都有了。與我們交換大白鵝的孔雀人家，住在山那邊的森林中。小溪流經過小木屋旁邊，許多高貴的孔雀抬步走在溪谷裡，就像土雞一樣的平常。

小木屋不大，四壁與屋頂，全都用一根一根的原木（log）搭蓋。原木取材自紅木，也就是紅檜木，質地堅硬。紅木筆直的樹幹，被鋸成筆直的原木，一棵紅木至少做成一根原木。從小樹苗一點一點長大到做成木材，多長的時間，多珍貴的小木屋。森林裡，空氣清新，稍帶寒意，木屋旁邊不遠處，堆放好大一堆劈開的木材。山區的夜晚，生鐵大火爐少不了熊熊的柴火，上面放壺水，等水開了好沏茶。清早，我們去取孔雀，小木屋的煙囪還有餘煙繚繞。昨夜，小木屋裡一定很溫暖。

我們雖然急的早早趕過去取孔雀，走完大路走小路，走完小路還有沒路的路。到達的時候，孔雀主人早已離家到牧場上工。看見孔雀也不能隨便帶走，要等主人回來。森林深處，人少來往，小木屋的門窗未鎖，窗簾可免。無人偷竊，也無人偷窺。其實，要偷也沒啥好偷，兩張破沙發，缺了一角的方桌，幾個舊鍋舊碗，誰家沒有，有的人家丟都來不及，誰想要。

等待屋主時，我無聊的看看窗內，看看四周，除了森林中的小木屋無價，其他都無價值。小木屋固定在地上搬不走，主人放心大膽的外出，了無牽掛。

了無牽掛，幾人能做到？

## 一夢三十年

農夫與我，一直喜歡原木屋（log home）。

當初看地，高山頂上、溪谷底下都走遍了。原木屋，最是讓我們心動。森林一層層篩下來陽光點點斑斑，幾片看透森林的大玻璃窗，百般引誘我們擁有它。左思量，右顧慮，還是放棄了它。

鄉下的小鎮，也有兩三處原木屋，

是我們常流連懷舊的地方。緬懷過去看地看房子，跋山涉水，曾經想要擁有的夢中小木屋。

年少時做白日夢，心想有個農場；三十年後我們合力將它實現，在農地上自建農舍，經營農場。中老年時，我又開始做夢，假如有棟小木屋，在農場的柳綠林蔭處，鮮花圍繞著小木屋，景色怡人……。

農夫科學頭腦，雙手加雙腳，掐指冷靜一算，三十年前的夢，五十歲完成；五十好幾再做夢，得要到八十歲……。

這一次，他沒好氣的跟我說：「你去永遠的夢屋吧！」

# 4

# 菜圃嘉年華

氣溫適宜什麼都發了芽。放眼望去，這邊是瓜藤、豆藤，那邊是青菜、玉米，還有蕃茄、青椒、生菜，都在默默的茁壯。花區中，紅粉黃藍白，各色花朵，也在清風中搖擺生姿，吸引了蝴蝶，翩翩飛舞花間。

蒜苗、豆子、萵苣筍是我們農場最早期的產品，從播種、除草、除蟲、灌溉到收割，辛苦了幾個月，拿到市場去，市場裡的採購先生，本著替老闆節約的原則，一下嫌蒜苗不夠綠，一下嫌豆子太嫩，一下又嫌萵苣筍太細，百般挑剔，萬般殺價，一兩年後，我們身心俱疲，知難而退，不想再種菜了。

大部分的菜區，逐步改換成玫瑰區、珠雞區、中雞區，只剩下原來十分之一的田地，種植少量蔬菜，供平日家用。

山腳下有的是地，縮小後的菜區，長一百呎，寬三十呎，共三千平方呎，大約兩棟三房二衛一千五百平方呎房子，有八十幾坪地，實在不算小。由大區改成小區，種菜變得極爲容易。從前種菜，雞肥堆了一車又一車，二、三十車的雞肥，現在有些區域還怕雞肥太肥，反而有害作物。農夫駕駛耕耘機，來回走兩趟，一眨眼，地已整好。將雞肥與泥土攪混在一起，肥沃疏鬆的土壤，更適合種菜。

# 鐵路旁的菜田回憶

農夫手推小鐵牛，準備作畦。他問我，要作幾行幾畦。這個小菜區，我不打算全部種菜，綠色的菜葉，襯著白色黃色的菜花，實在太單調。我要在前端靠近窗口的地方，再分出萬紫千紅的花區，給菜區增加一些嬌媚的天然色彩。花中有菜，菜中有花，我盼望著盛大的燦爛。

農夫推著小鐵牛畫線，我在旁邊用圓形鍬耙土作畦。

住在台灣的時候，每次坐火車，一路經過鄉村與小鎮，鐵路邊上常見到許多小小的菜圃，裡面種滿密密麻麻的青菜和串串的瓜果，種類繁多，數也數不清，那時心中暗暗佩服菜農付出的心血與空間的利用。

我仔細地一步一步跨出行與行、畦與畦之間的距離，腦中浮現出這些鐵路邊的小菜圃，我的腳步越跨越小，行與行、畦與畦的距離越拉越近，簡直就和鐵路邊的小菜圃一樣，緊密排列。左邊，我作出二十五行，右邊，有十七行可以種菜的菜畦，右前方有八個大小不等的長方形花畦。

抬起頭來，看見前面的老墨太太伊莎貝拉與兩個兒子，也正在整理他們的田地。老墨喜歡養豬，一頭大公豬就有幾百磅重，爲了這群公豬和仔豬，他們地上種的全是可以餵豬的玉米。自從帕契科先生患了嚴重的腎臟病以後，伊莎貝拉所有的時間花在照顧帕契科上，把豬通通賣光了，現在他們想在那塊地上種什麼呢？

## 瘋子種菜

夜間的氣溫逐漸升高，很久沒有晨霜，春天即將來臨了。我將去年採集儲存的菜子、瓜子、花子翻找出來，攤在小木桌上備用。

日照越來越長，可以開始播種了。

按照計劃表，我要種幾行農夫比較喜愛的豆子、玉米、生菜，再爲自己和朋友們種些蕃茄、青椒、南瓜、義大利瓜Zucchini、哈密瓜。甘藍、菠菜、芥菜有綠色的菜葉，富含葉綠素，供給身體需要的維他命，得多種幾行。廚房裡不可缺少的青蔥、蒜頭也不可少。

女兒爲我菜區中的花區送來花子，那是莫內在Giverny花園中的一些花子，紅紅的罌粟花，粉粉的蜀葵花，橘橘黃黃的金蓮花，藍藍的矢車菊，白白的金魚草，還有兒子拿來的野花子，小小花區裝滿了家人的希望。

木桌上面的種子，東一包、西一包，多得不像樣，我的雙手哪裡拿得了。農夫幫我一起將種子移放到菜區。我撒了生菜子、南瓜子、玉米子、豆子，總共四十三行菜畦與八個花畦，看來一時是撒不完的。

農夫早晨的工作已畢，繞著小菜區四周，走來走去。他的肚子餓了，正在等早飯。

我一下菜子，一下瓜子、花子……，自己都快昏頭了，沒有時間管他的早飯。他從耐心的安靜等待，變成不耐煩的頻問：「好了沒？」我的回答一直是：「快好了。」可是，就是好不了。

農夫在一邊又問：「你種這麼多菜給誰吃啊？」

我說：「給你吃我吃，還有一些朋友們吃。」

農夫說：「我不愛吃青菜。」

對啊！農夫吃的青菜有限，朋友們來的時候不一定正是生產的季節，只靠我一人，如何解決這預期的大豐收？

農夫決定不等我收工，他轉身走進屋子之前，丟下一句話：「瘋子種菜。」

## 菜也瘋狂

小小的菜區，那裡經得起我這般密集播種。

七、八天後陸陸續續發芽，豆子、青菜、南瓜、花，氣溫適宜，什麼都發了芽。

菜葉越長越大，菜區裡的綠意盎然。放眼望去，這邊是瓜藤、豆藤，那邊是青菜、玉米，還有蕃茄、青椒、生菜，都在默默的茁壯。花區中，紅粉黃藍白，各色花朵，也在清風中搖擺生姿，吸引了蝴蝶，

翩翩飛舞花間。

餐桌上，我們開始有幾株豆苗墊底或配菜，當它是寶。等豆苗多了，一炒就一大盤，只好生呑活嚥的將豆苗當草吃下去。最後，乾脆任它自由發展，老豆嫩豆掛滿藤也懶得去碰它。

義大利瓜Zucchini，我一種種了十二株，六株黃瓜、六株綠瓜。平常市面上買到的，多是只有三天左右的小baby。起初，我們有兩三株在生產，翻尋菜圃，找不到幾個足夠大的瓜，等不及了，一天、兩天的小小baby都被摘下來清炒。誰料到，十二株一齊生產時，天天滿滿一藍Zucchini等著我們摘。從細小的嫩瓜，變成肥大的胖瓜，很快的，滿眼盡是一個個吥來長清涼枕似的巨瓜。

洋親家公來自歐洲，他說，在他很小的時候，母親曾烹煮巨大的Zucchini給他吃。我聽了，便開始將巨瓜切片炒，MAMAMIYO！一天三頓，我兩天才吃完那條巨瓜。再見！Zucchini。

甜中有酸的蕃茄，可以入菜，可以生食，是我最愛的蔬菜，種了卅幾株。有大、有小、有紅、有黃，還有圓形、櫻桃形、梨形，只要藤上熟的蕃茄都好吃，又香又甜，一點不酸。

蕃茄沒有攀爬的藤蔓，果實本身的重量，會將它的細枝拉彎，需用支柱。卅幾株蕃茄苗，一株一株要架起支柱，最後幾株還沒來得及架支柱，已經向四面八方伸展開來，爬了一地。滿地爬的蕃茄，藤纏枝，枝纏藤，糾纏不消，我的手無法伸進去摘蕃茄，枝葉越長越纏越大，地上亂作一團，走不過去，最後成了「此路不通」的禁區。

架了支柱的蕃茄，則不停的往上長，越過了支柱，繼續長，頭垂了下去，再彎過來向上長，扭扭曲曲、高高大大，活像個張牙舞爪的野鬼。對鬼的手和腳不斷的伸展著，直到手拉起手，腳拉起腳，活脫像似熱帶叢林。爲了摘蕃茄，我用剪刀剪出通路，匐匍奮鬥。

青蔥、生菜、芥菜長得半人高，南瓜藤占去了田壟小路的所有空地。菜地中，無路可走，卻是一番綠滿溢。

# 盛宴之後的寂寥

歡樂的嘉年華會也有結束的時候，此時往往留下清道夫在那裡苦苦的清掃垃圾。暑假是菜區盛產的季節，各方友朋，絡繹不絕的來訪，豔陽下，摘青菜、摘蕃茄、摘豆、摘瓜，其樂也融融。結果秋天一來，曲終人散，徒留農夫和我在北風聲聲的呼嘯中，清理枯藤敗葉殘枝，拿去餵羊。

地上空無一物，菜區回復空寂的寧靜，只有幾隻麻雀啾啁，跳著撿拾遺落的種籽。

我摘下一籃晚熟的亞洲梨，送給帕契科。他衰弱的身軀，半躺半坐在床上，無力再牽狗走路了。伊莎貝拉盡心盡力的照顧著他，讓他衣著整潔，嘴上小鬍子修剪平整，除了面容略顯蒼白，說話聲音微細外，實在看不出來他是一個病人。

伊莎貝拉帶我去看地。她種了許多紅辣椒、青辣椒、朝天椒，有的很辣，有的不辣，她摘取好些送給我。田邊另外高高的堆著墨西哥人特愛的Tomatillo，果實似蕃茄，用於烹飪。種太多吃不了，所以堆積成山。伊莎貝拉說，要多少拿多少，還可以餵羊。

我們家羊有自己菜區的剩餘物資，等著餵牠們，已經多得吃不完了。我婉謝她的好意。心中暗自想笑，哈！又一個瘋子。

# 5 風吹草低見矮羊

矮腳羊（Pygmy goat）是山羊的一種，原產於非洲，會跑、會跳、會攀、會鑽、會啃、會撞，與山羊一樣，破壞力極強。只是腿比山羊短一呎半到兩呎，同樣的破壞都矮一截。

農夫本習畜牧，「風吹草低見牛羊」一直是他所嚮往的工作環境。年輕時，在台灣養牛，曾被激怒的猛牛追趕，眼看就要被追上了，幸而他頭腦靈光，手腳快，順手抓住蔭棚的柱子往上爬，才逃過一劫。如今的身手哪有從前敏捷，還想保住這副老骨頭，退而求其次，不如養羊。

## 競標矮腳羊

很早以前，本地的農家養的多是羊，滿山遍野有羊群在吃草。小鎮開發後，剩下的養羊人家為數不多。有一位滿頭銀絲，彎腰駝背的老太太，獨自一人守著一群羊，我們敲門，說明想買幾隻羊，她還捨不得賣，要等春天再說。之後，聽說有人將她的羊運走，更糟的是沒付錢。確實沒再見她的羊在地上吃草，好了，什麼季節都不用等了。

回家翻報上的分類廣告，家畜（Livestock）欄或許會找到機會。從廣告中，我們買下一隻公羊與兩隻母羊。公羊來自公羊太多的農家，貨車載運牠回來，弄得車廂陣陣羊騷味濃得化不開，噴了空氣清香劑都無效，記不清楚經過多久才散掉。兩隻母羊是一對姊妹花，因爲主人要搬去奧勒岡州，無法隨行。雖然來自不同的家庭，都屬於矮腳羊。矮腳羊是山羊的一種，原產於非洲，會跑、會跳、會攀、會鑽、會啃、會撞，與山羊一樣，破壞力極強。只是腿比山羊短一呎半到兩呎，同樣的破壞都矮一截，圍籬四呎高即可。想到山羊，農夫的頭可痛了，山羊不肥，就是腿長，圍籬至少得高六呎，否則輕輕鬆鬆，一越而過，連助跑都不用，還不得不佩服這些金牌跳高選手，個個都跳得好。農夫認定只養矮腳羊。

拍賣場（Auction）也可以買到羊。我們翻過山頭，到山的另一邊，有牲畜拍賣場，這裡只賣牛與豬，不適合我們。又打聽到不遠的公路邊，另一個家畜拍賣場，一格一格的鐵絲籠裡面有鴿、雞、鴨、鵝，旁邊還有羊與豬，就是這地方了。

對於拍賣，我們什麼都不懂，第一次來學個經驗。坐在板凳上，等了一會兒，拍賣開始。主持人朝櫃台後面的高腳椅上一坐，面對會場，眾人早已排排坐在他對面，手持寫了數字或字母的牌子，等待比價開始。在主持人與眾人之間，則是圍籬隔開的展示區。一人打開右邊的小門，讓動物走進展示區，賣主決定一隻一隻賣，一對一對賣或一群一群賣，動物便一隻隻，一對對，一群群的走進來。走過去，走過來，前進，後退，眾人仔細觀察討論。主持人開始用平直、毫無高低起伏的腔調喊價，數字從五毛一塊開始跳升，只要有人舉牌表示欲購，一直加上去，直到喊價三次，無人再舉牌，便以前次喊價售出。左邊的門打開，動物走出展示區，走向新主人。

這些拍賣的動物，不是老的走不動，就是小到才出生不久，或是有病。一隻羊的下巴天生有個洞，口水直流，還有拉稀的、無耳的、瘸了腿的，毛病眞不少。這種動物的叫價冷落，甚至起價就沒人感興趣，主持人從五毛一塊降價，直到低價重新挑起眾人叫價的意願。遇有健美的，眾人競標，價位節節高升，等到頭腦清醒過來時，數目已高到驚人，倒楣者得標。至少我是這麼想，以這種高價買回去，不被家人數落一頓才怪。

第二次再去，我們開了小貨車，帶了繩索，準備去買羊。會場上，擠滿了人群，小孩子想要家長買小動物回家當寵物；若是墨西哥人，則和中國人相近，地上走的、天上飛的，四隻腳的、兩隻腳的，什麼都可以拿來吃。我們還不能決定羊的用途，買了再說，至少羊會吃草，幫忙除草也挺管用的。

不知哪裡來的一位大買主，好羊爛羊，高價低價，通通要，通通得標。我們的頭腦保持冷靜，一標再標，還買不到一隻羊，心早已冷了，想著今日肯定是白跑一趟。人群將散，有一對母女羊走進展示區，母羊走前面，剛生不久的小羊緊跟在她腳邊，身材體型都滿不錯，就是她們了。經過一番小小的競標，農夫將牌子舉在手中，沒放下來過，一直舉到得標。總算買到羊了。

## 蘇武牧羊

矮腳羊的體型與中型犬差不多大小。我們矮腳羊的毛黑，上有淺墨、灰白的毛摻雜其中，是深色的羊。曾見另一種淡色的羊，毛色象牙，中間或多或少摻了深深淺淺的棕色毛髮，不知是否還有其他顏色的品種。山羊不能與綿羊雜交，矮腳羊屬山羊的一種，可與山羊雜交。我們在拍賣場買的一對母女羊，就是與山羊雜交的矮腳羊，四隻腿比一般矮腳羊長一節，是矮腳羊群中的高腳七，當然還是沒有一般山羊高，卻已經給我們帶來不少麻煩。牠們時常攀在圍籬上啃食圍籬邊的果樹與柳條，尤其最愛剛長的新芽與嫩枝，眞想送牠們一起上天堂。

早先，我們只有一隻公羊與一對姊妹花。初見面，三方立刻迸出愛情的火花，公羊左右逢源，是最幸福的一個。暖風輕撫大地，吹得人懶洋洋的，小小草原上，公羊與母羊顧不了太陽或月亮，追趕跑跳碰玩得興濃，我們將要有好消息了。秋天，姊姊生下三隻小羊，二公一母，妹妹生兩隻，一公一母，共得三公二母，不久一母羊亡，剩三公一母。次春，自拍賣場購得一對羊母女，秋天，新母羊加入生產行列，生二公一母，原本的姊妹花又生二公一母。小母羊約一年後也加入生產行列，如今我們有二十隻左右的羊，走在草地吃草，略具羊群的規模。

母羊一次可生一至三胎，每半年生產一次，照這樣子生孫、孫生子，子子孫孫，羊群繁殖可不得了，經過電子計算機的清點，羊口爆漲，三年之內將破百羊大關。農夫一方面是呵呵笑的合不攏嘴，一方面擔心草不夠吃。想當年蘇武北海牧羊，眼看羊兒成群，多少總有一些成就感的。我們山腳下作牧羊人，一樣的思念故鄉，一樣的看著羊兒逐漸成群，莫不竊喜羊群數日越來越多。今秋草不夠，懷孕母羊流失了胎兒，總共僅得一隻新生的小羊。人算不如天算，百羊大關被迫延後，但願明春多得幾隻小羊。人不能沒有希望，希望總是最美麗的。

## 羊中老大

羊群中公羊一多，互相頂撞，追逐角力，一場接一場的是非與紛爭，沒完沒了。這二十幾隻的羊群，只需要一隻公羊照顧母羊與小羊，其他公羊，統統去勢，就能維持天下太平。

小狗去勢，得去獸醫院，爲牠局部麻醉，獸醫親自操刀，愼重有如人類動手

術，小心翼翼，就怕傷了神經。麻醉消除，還要留院觀察半大，付過比山高的費用，才領狗回家。小羊去勢，只要到飼料店，買一包橡皮筋與一把箝子。店員半認眞半玩笑的對農夫說：「千萬不可讓太太看到，否則你會後悔莫及的。」箝子不用在小羊身上，將橡皮筋用箝子撐開，套住小羊的小蛋，如此而已。一星期左右，自動乾脫，小羊早已活蹦亂跳。手術簡易，人人能行。橡皮筋一包有四、五十條，箝子可以一用再用。一次總共只花三毛錢。同樣一件事，羊與狗不同的待遇，簡直是天壤之別。

羊是反芻動物，吃飽了青草，優閒的坐在地上休息，慢慢反芻。反芻時，將胃中的青草送返嘴巴，重新細嚼慢嚥，咀嚼又咀嚼，再嚥回到胃，繼

續消化。反芻可以減輕胃的工作。羊群每天來回幾遍，不停的吃草，不停的反芻。公羊是羊群中老大，吃草路隊，牠永遠殿後，護衛著羊群。公羊是寂寞的，牠喜歡獨處。有時，牠遠離羊群，獨對青山，在冷風中孤立，若有所思而不得其解，難道牠有煩惱？有時牠毛髮蓬鬆，面帶倦容，難道是工作過度？精神有壓力？一家之長，可不容易當的。

農夫怕公羊工作不知節制，偶爾將牠關在特區，給牠特種營養進補。羊群中的家長不見了，母羊們紛紛找到相鄰的圍籬邊，輪流看望牠。好像大學女生宿舍門口，排隊等候的男生絡繹不絕，與牠隔著圍籬碰碰頭、擦擦嘴、嗅嗅尾巴，惹得牠心煩氣躁，丟下營養品，連蹬帶爬的越過圍籬，一心只想與母羊們團聚在一起。將牠移到更遠的草區，牠才不在乎草多美多盛，只要能翻越圍籬，不遠千里，歸心似箭的衝向母羊。自古英雄最難過的就是美人關，羊也是如此。

# 小小羊兒

母羊懷胎五月生產。臨盆時，有經驗的母羊會在羊舍找一個避風的角落，讓小羊安安穩穩的生下來。小羊初生，躺在地上，幾分鐘內可以一扭一拐的站起來走路，過一會兒，便開始找奶吃。母羊一面餵小羊，一面用舌頭清理初生羊的尾部。誰是牠的小羊，母羊一聞就知道。不是自己的小羊，母羊轉身走開，不會讓小羊吃她的奶。

沒經驗的母羊，走到那裡，肚子痛了，池塘邊，圍籬邊，柳樹下，都是臨時的產房。如果離開羊舍，生在太遠的地方，靠小羊自己拐著慢慢走，恐怕天黑都回不了羊舍。萬一野獸來，就會有危險。我們抱起小羊，跟隨羊媽媽一步一步走回家。

母羊生產像母雞下蛋，稀鬆平常。生產不久，母羊走開去吃草，只要小羊拉直喉嚨，嬌聲的咩——咩——叫兩聲，羊媽媽立刻停止吃草，趕緊回到小羊身邊。看見阿狗在搗蛋，老跟著小羊轉，母羊的怒從胸來，使勁用角頂撞阿狗，阿狗飛到半空中，再加個元寶大翻身摔落地。阿狗嚐到羊媽媽母性的滋味，暫時不跟住小羊打轉了。

小羊到一歲左右才有鬍子，公羊母羊都長鬍子。跳起來搆媽媽被風吹動的鬍子是小羊喜愛的遊戲之一。小羊尤其愛左蹦右跳，一走幾蹦跳，體內活似裝了原子能的小彈簧。平時，牠們分別緊跟自己媽媽左右，寸步不離，是羊媽媽的乖乖兒。幾隻小羊相遇在一起時，又追又趕，牠們賽跑、跳高、角力、追逐、疊羅漢，就和幼稚園的小調皮一模一樣，可愛的使人心疼，可惡的又叫人討厭。一隻小羊跳到母羊的背上，站穩不動，牠們開始疊羅漢。第二隻小羊先跳上母羊尾部，再從尾部跳到第一隻小羊背上。一個不穩，兩隻小羊

雙雙跌落在草地，翻轉身起立，重新再來過。只要母羊不走開，牠們樂此不疲，我們也乘機欣賞一場馬戲團裡從未見過的特技表演。在羊媽媽高低不平的背上站立不容易，何況疊羅漢。小羊絕對是聰明的。

夕陽斜照層巒疊嶂，天色漸暗，小小羊兒要回家了。羊媽媽咩咩的叮嚀小羊，跟牢媽媽，邁開步，走在大夥兒的路隊中間，朝著羊舍回家去。殿後的正是公羊。

羊區又分隔好幾區，放牧羊群。噴水灌溉後每一區的牧草生長茂盛，高可及膝。羊群進去吃草，黑色的身軀幾乎半埋進草堆中。一區的草被吃到與地面平，再趕羊入另一區吃草，周而復始，青青原上草，吃不盡的嫩草。

我們向窗外望去，青青綠草地上，有黑色羊群在低頭吃草。和風吹起，草浪滾動，不禁使人想到西北草原風光。農夫頗有感觸，他說：「就是這樣。那年大學畢業旅行，到南台灣墾丁牧場，見到的就是這樣。大小尖山下，一片碧綠的草原，紅棕色牛群散佈其上。第一次，將課本的知識與實際情形互相印證，震撼的感受至今難忘。印象深刻，就是這樣。」這是一個理想的實現。農夫雙眼緊盯著窗外，繼續不停的點頭，沒有再說一句話。

# 6

# 鄉下人大談生意經

接下來，「我們要蕃茄。」、「先拿隻鵝來，我們試一試再說。」……一個接一個試用户上門，一次又一次向我們訂貨，市場終於找到了，我們有飯吃了囉！

作生意有什麼難的？只要把這邊有的貨，搬到那邊沒有的地方去，就是生意了。

我們山腳下也在進行以有換無的生意，櫻桃換蕃茄，蕃茄換果醬，果醬換蜂蜜，蜂蜜換雞蛋，雞蛋換馬糞，馬糞換玫瑰，玫瑰換滿心的歡言，談價錢，太傷感情了。在這裡，不是利益導向。

我的血液中，流著濃濃的生意基因。父親出生農家，忠厚善良、聰明用功，深得老師喜愛，爲他取名「學優」，大概是期望他朝學術方面前進吧！事實上，父親一度從商，當玩具電子琴正流行，台北敦化南路商店的櫥窗都擺放著它的時候，我們家客廳、臥室、陽台也堆滿了它，工廠還在源源不斷的出貨，銷售大大有問題。父親不改樂觀的天性，只是長臉拉得更長。

我拿兩台玩具電子琴給小菜市場旁的雜貨店老闆娘看，一定是我說的話讓她聽進去了，她欣然掏腰包，買下這兩台玩具電子琴。當時，我就知道我有生意的細胞。

# 鄉下人不懂生意

鄉下人多在地上耕作，粗手粗腳、粗聲粗氣，給人的印象是用體力多過用腦力之流。沒錯，地上活兒相當費體力，一天下來，筋疲力竭，只想吃口飽飯，睡個好覺，眼前還有明日的活兒等著做，哪兒有心思想別的。

鄉下位置偏遠，不比城市先開發，見聞到底不多，加上只管埋頭耕作，不愛用腦思考，鄉下人鐵定被人吃。

一些生意人，組織農產品銷售公司，專門幫助鄉下人銷售農產品，從採收、清理、打包、裝箱、運輸、銷售，分工精細，層層剝削，直到產品售出，得回的利潤所剩無幾，經常是入不敷出。幾年下來，鄉下人債台高築，積欠農產品公司的債務日漸龐大。

生意人就是生意人，農產品公司貸款鄉下人，鄉下人可以在自己地上繼續耕作，他們涕泗縱橫的感謝生意人。

到後來，人工漲價了，汽油漲價了，只有農產品的價格一路滑下去，鄉下人的財務赤字更嚴重，生意人催討之下，鄉下人含淚賣地還了債，從此無地一身輕，帶著全家大小去喝西北風。

附近一片廣大的洋蔥田，也就在這種情況下，拍賣出售。可以想見，是洋蔥銷售公司買下了它，新招牌又亮又大又醒目，與對街的招牌相同，屬於同一個老闆。新老闆得意洋洋，舊老闆不知所終。

## 學做生意的鄉下人

辛勤務農本是一件愉快的事，等地上長出大堆產品時，煩惱才真正開始。地越大，需要管理的項目越繁瑣，得請專人處理。我們小農管少少幾件事，已經兜得團團亂轉，有時農夫操心過度，擔憂種種變化的發生，夜半還作惡夢嚇自己。

從前，經紀人曾經帶我們看一塊地，爬過高山又爬低山，到了山頂上，還要彎幾彎。風景不錯是不錯，想到將來日常所需，有多不方便，我問經紀人：「水管壞了，找誰修？」

經紀人說：「我來修。」

我又問：「浴室磁磚找誰補？」

經紀人說：「我來補。」

我再問：「哪裡去買馬？」

經紀人說：「我幫你找馬。」

我問：「馬的糧草呢？」

經紀人說：「我太太可以供應。」

眞是遇到生意人了，我們包準會被吃定了，還是先溜爲妙。服務顧客方法因人而異。電視訪問連鎖旅館主人成功秘訣，世上許多不同等級的旅館當中，他能維持旅館水準與地位，一定有他獨特的經營之道。旅館主人一片誠懇，娓娓道來，他總以顧客舒適及價格公道爲優先考量，既不走浮華的高檔價位，也不走簡陋的低檔價位，採取中間路線，正是儒家所說，中庸之道，頗合農夫與我的心意。

擺在眼前的事實是，駝鳥水牛太名貴，我們不會嘗試；洋雞市場爆滿，我們不必去分一杯羹。土雞土鵝土羊和我們一樣土，最適合我們飼養。

我們相信雞鵝羊肉質鮮美，有人喜愛；蔬菜水果成熟度恰好，自然甜美。確保產品美味，除了注意耕種和飼養方法，我們還不停的試吃。

試吃未必就是有口福。蔬菜水果，隨手摘來容易試吃；雞小，多試幾隻也還不致於心痛。鵝比較大，我們左試一隻鵝，太瘦了，沒肉；右試一隻鵝，太肥了，吃得滿嘴油；再試一隻鵝，太年輕了，肉不甜；試了好幾隻，沒有一隻令我們滿意；最後一隻，我們和阿狗，一餐解決那隻鵝，人大塊呑嚥鵝肉，狗大口啃骨頭，總算滿意了，要問有多滿意，實在不記得，還記得兩眼發直，肚子再也撐不下去。羊的體積大，最好能割條腿來試吃一下，不過偏偏非得犧牲一頭羊，想起來心都痛。如果羊肉好吃，還沒話說，不好吃的話，就太可惜了。

試吃完畢，我們對農場的產品信心大增，可以開始找市場了。

## 市場在哪裡？

鄉下人務農，習慣與大自然奮鬥到底，不輕易向老天爺低頭，雖然貧窮，十足硬漢的作風。我們兩個天生一副硬骨頭，就是不怕苦，才會愛做農。

農場事務，分工清楚，我分配到其中一項是市場開發的工作。市場上，硬碰硬，產品好，不怕找不到市場。我打電話給每一個可能的客戶：

「請問你們要土雞嗎？」

「什麼？塗雞，沒聽過。」

「是會吃草，養在地上走路的土雞。」

「噢！不要不要，不要塗雞。」

「不是塗雞，是土雞，很健康，很好吃的。」

「那是竹雞嗎？」

「……」

電話裡講了半天，竹雞、土雞、塗雞的名字始終弄不明白，只有怪自己，當年國語說話課沒學好，口齒不清晰，語言表達不及格。

有些客戶直截了當：「我們不要土雞。」

當電話另一端，傳來喜悅的聲音：「我們正在到處找土雞，……。」這一次，大概我咬字分明，雙方溝通，一點沒問題。

接下來，「我們要蕃茄。」、「先拿隻鵝來，我們試一試再說。」……一個接一個試用戶上門，一次又一次向我們訂貨，市場終於找到了，我們有飯吃了囉。

## 顧客至上

美國是購物者的天堂，只要有理由，什麼貨都可以退。尤其是耶誕佳節的採購狂潮人擠人，耶誕過後，又是退貨狂潮擠死人，商店許多生意都是白做的。好在食品不能退，因爲不能退，我們做得更小心，一定要讓顧客十分滿意，我們才滿意。

農場直銷的好處是隨時可以調整種植與餵養的方式，配合顧客的需求。

我們詢問餐廳：「滿意我們的鵝肉嗎？」

老闆娘認眞的想一想，說：「現代人追求瘦身，你們的鵝肉太肥了。」

我反應老闆娘寶貴的意見給農產發展改良組組長——農夫，他立即改進餵食，直到鵝身上只有薄薄一層脂肪。老闆娘一定非常喜歡這樣的結果，我興匆匆的請老闆娘發表高見。

站在旁邊的老闆，撇了一下嘴角說：「鵝太瘦了，不夠肥。」

既嫌趙飛燕，又嫌楊貴妃，比唐明皇還難搞，縱使是唐明皇在世，我們也不敢再聽取這種意見了。

西餐廳也是我們的顧客。一家地中海餐廳，門口種了幾株葡萄藤，據說是釀好酒的名種葡萄，餐廳以此爲名。老闆娘經營得法，同樣的餐廳，在不同的城市，已經開了好幾家，東西方客人如潮，門庭若市。從未與她謀面，職員口中她是一位高貴的中國藉女士。餐廳可容納三四百人，裝潢得大紅大黃，儼然地中海濱熱情洋溢的色系，幾盆巨大的插花，佈置生動，不得不佩服中國老闆娘的魄力。

西餐廳面臨馬路，旁邊一條小弄直通後面樓上的廚房，大廚小廚與助手統統白制服，給人清潔衛生的印象。他們特別中意農場的櫻桃與梨型小蕃茄。暑假裡，蔡全茂先生與廖玉蕙老師來農場遊玩，抽空幫忙採收，摘了滿滿一箱蕃茄，換取他們在農場的住宿費。現在又要送貨，想念蔡先生夫婦手腳麻俐摘蕃茄的身手，是農場的好幫手。

蕃茄新鮮美味，養顏又健康，顧客無法抗拒它們的誘惑。物美價廉，一直是我們爭取顧客的至高原則。

這趟送蕃茄，我順便提起農場有棗子(Jujube)。一位來自巴勒斯坦的朋友，見到我們的棗樹，憶起了他們的故鄉。他說，巴勒斯坦到處棗樹，我原先只知道中國大陸北方多棗樹，或許正是回教徒從西亞帶來中原的也說不定。巴勒斯坦位於地中海濱，既然餐廳標榜地中海，不知來自加拿大的大廚聽過Jujube嗎？果然，大廚二廚和一屋子的助手都傻了眼，倒是有一位小小廚師說：「我知道，好吃的水果。」接下來，大家開始熱烈討論Jujube在菜餚上面的用途，生意自在其中了。

# 7 小鎮風情畫

有機農耕的目的在盡量延用傳統的天然資源維持土壤生產力，太陽能、風能、昆蟲、腐敗的動植物等，在在都可增肥土壤，有益農作，增進健康。

當初挑選農場的時候，未曾考慮山腳下這個偏僻的小鎮，最遠只到一〇一號公路旁邊大蒜城吉爾若（Gilroy）而已。繼而從一位賣地的年輕人那得知，他正在等待土地出售，遷居小鎮養豬，方才知道是一個純樸的農村。

矽谷人氣旺盛之後，許許多多的矽谷人來到小鎮定居，購地的購地，起屋的起屋，各業興隆。倒霉的是鄉村小路，處處交通擁塞，處處千坑百洞，地方政府來不及修路，鎮民叫苦連天。小鎮的步調本來緩慢，居民多屬貧農，突然加速商業化，鎮民受不了，直抱怨，小鎮不再是從前的小鎮了。

要說從前的小鎮，最初來小鎮開墾的牧羊人，已人去羊散盡；如今栽種杏子與菜蔬的農民，正在砍樹廢耕，興建國民住宅；將來的變化，又能知道多少？不變的是，從前小鎮留下來的點點滴滴，令人回味無窮，永遠存在我們記憶中。

## 地震首都

農夫擇地的條件頗多。原則上，淹水、無水、陡峭、貧瘠等，都是不能碰的地。選來選去，山腳下這塊地，農夫一眼就中意，實屬難得。

我們來自地震頻繁的台灣，從小到大，歷經無數次大小震，一次在大樓頂樓第十二層午餐，遇上地震，大樓搖晃，十二樓如鐘擺一般左右大幅擺動，這樣的場面我們也見識過。到了山腳下，不時的天搖地動，天花板上吊燈晃個兩三下，要怎樣？根本不必在意！夜半，床鋪會上下左右跳動幾下，搖醒夢中人，翻個身，繼續剛剛的好夢才重要。

倒是不少人知道我們住山腳，看到新聞有關地震的報導，就打電話來關心。輾轉相傳，一次地震之後，中文報社記者來電。

記者：「王先生，請問地震……？」

農夫：「什麼，有地震啊！幾時發生的？幾級啊？」

記者：「請問損失的情形……？」

農夫：「沒有，沒有損失。」

記者明確提示：「電冰箱、電視機都好嗎？牆上掛的東西怎麼樣了？」

農夫：「都很好，沒事沒事。」

記者先生預期聽見冰箱翻倒，電視機從高處掉落地上，牆壁裂縫幾吋甚或幾呎寬，屋頂瓦片掉下來擊中動物或人的恐怖驚險事件。結果聽起來全不是那樣，他一定滿肚子窩囊的終止訪問，太沒有新聞價值了。

地震頻繁的小鎮被人稱爲Earthquake Capital of the World（世界地震之都，不知是自封還是人封的），大大有名，我們住小鎮中，卻不知道這個稱號。加州最大的斷層San Andreas Fault 通過小鎮地下深處，地震學的學生還專程到小鎮參觀。附近國家公園有火山岩層、峭壁、洞穴，相當引人入勝。據說，最近發現另一個斷層Calaveras Fault，也在不遠處。

專家學者說，斷層每年擴張一公分左右，肉眼幾乎看不出來。只要地底下的活動不是太嚴重，我們耕種沒問題，一切就沒問題。

這年頭，誰又管得了太多。

# 地獄天使

二次大戰後的一個美國國慶日，一群屬於地獄天使（Hell's Angel）團體的摩托車騎士們相約在小鎮飆車。穿著全黑的地獄天使們，駕駛重型哈雷機車，轟轟轟的長驅直入小鎮。他們飛車穿梭小鎮高級的柏油馬路，沉睡中的小鎮被這吵鬧的地動天搖驚醒。

之後年復一年，美國國慶假日前幾天，摩托騎士四面八方匯聚在這小鎮，有的來自中西部，有的來自東岸，更遠來自歐洲、澳洲、紐西蘭，慕名參與盛會。

小鎮為他們將短短的商業鬧街闢成特區，七月五日，騎士們駕駛波兒亮的寶貝愛車列隊行駛，你看看我的車，我看看你的車；你看看我的衣著，我看看你的裝束，尤其我們這些土包子，更是大開眼界。

五十年後的今日，隊伍中的女騎士增加不少。黑色皮夾克與皮褲仍舊是騎士們的主流服裝，有些帥哥與辣妹耍酷賣騷，上身僅著黑色皮背心，健美的身材若隱若現，車速狂飆時，衣襟半敞，隨時都可能春光外洩，眞替他們捏一把冷汗。

漸漸的，來到小鎮的騎士不再侷限地獄天使的成員，粗獷的勇士、文弱的學者、健壯的美女、小娘子，有志一同者都齊集小鎮。坐騎也不再只有黑色哈雷，紅黃綠各色，高大、矮小的各型機車，令人耳目一新。

清晨到傍晚，騎士們有時單騎，有時並排雙騎，有時縱隊通過。小鎮居民滿眼黑色身影，滿耳摩托車聲，好在還有警察維持局面。騎士們的到來的確爲小鎮帶來商機，小鎮鞠躬歡迎他們光臨。另一方面，小鎮也怕地方小，騎士蜂擁而入，實在吃不消。

一年一度，樸實小鎮默默體驗期待又害怕受傷害的錯綜情懷，幾人能了解？

## 史坦貝克

諾貝爾文學獎得主史坦貝克（John Steinbeck）的祖父與父親，曾經在小鎮古老的舊住宅區居住。南遷之後，史坦貝克出了名，回到父祖的故居，在小鎮建造新屋供他們定居。附近一棟十九世紀的鄉村華宅，還是改編自他作品「伊甸園東」（East Of Eden）電影拍攝的場景。

屋旁一棵巨大的銀杏樹，漂亮的扇形葉片，垂掛了一樹。粉白的二層樓房，粉白的矮圍籬，英國都德式建築物（English Tudor Style）是小鎮可數的歷史性建築之一。

高大的門窗，懸掛著潔淨的窗簾。遙想當年影壇浪子詹姆士迪恩（James Dean）拍片時浪蕩不羈的神情、叛逆的個性，以及日後他駕車出事，英年早逝的消息。近年美國郵局發行他的郵票做爲紀念，卻未見諾貝爾文學獎大師的郵票印行，不免令人大嘆文人不如明星。

還記得高三，同學們如火如荼地準備大學聯考，每一位任課老師發下來的講義堆積如山，只有英文老師張澍女士，平日上課緊盯我們翻譯課文，勤查生字，偶爾才發一張講義，簡單幾行，和其他老師的大堆講義不成比例。

課堂上，張老師點名起來翻譯，被點名的，立刻接受死刑審判；沒被點名的，也好不到哪裡去，坐在椅子上，就像戰時躲避敵機轟炸般提心吊膽，反正是一個也逃不了。

史坦貝克擅長寫中下層的小人物。張老師翻譯過他的作品，像卡車司機一面嚼三明治，一面口齒不清的說俚語。文字簡明，卻很難懂，老師講解帶表演，大家方才明白。我們自己按字面翻譯，意義竟差十萬八千里。

史坦貝克規定自己一天寫兩千字，所以一生著作幾十本。我成天胡亂的寫出許多字，垃圾桶裡丟得多，還要寫的字更多，實在得準備個大垃圾桶。

## 好水釀好酒

剛到小鎮時，隔鄰老太太Mary招待我們飲水，就是取自她的地下井水。可能是我們努力工作的緣故，又累又渴，一邊飲用，一邊稱讚，清涼甜美的滋味常在心頭。Mary說，挖井工人在小溪邊鑽井，兩三百呎深的地方，就出現水源，她因而有一口很好的井。

我們農場裡的那口井，經過測試，水質也屬優良，同樣幸運。住在小溪中游的居民，因為土壤中含有某種對人體有毒的礦物質，隨著雨水滲入地下，地下水不宜飲用，也無法灌溉，對農家來說是很慘的情況。

後來，我們在小鎮見到一座日本清酒酒廠。原來日本酒廠早在三、四十年前，東渡太平洋，尋找拓展業務的基地，因為本地水質特佳，選中小鎮生產清酒。偌大的酒廠採用最新科學方式，精準的溫度，衛生的設備，釀造出東方最古老、最傳統的米酒，運銷全美及世界各地，廣受大眾喜愛。唯獨日本母國，反而不接受，說是採自加州釀酒的米，品質遠不及日本當地專為生產清酒而培育的米質佳。如此嚴格的要求，世人萬萬無法與日本相提並論。

日本自從伊藤博文留洋歸國，開始明治維新、提倡科學，百多年後，科學昌盛，文明進步，與歐美各國並駕齊驅。反觀中國，一樣有嚴復留洋，一樣有維新運動（僅得「百日維新」），卻一直缺少這種按步就班，腳踏實地的科學精神。「十年樹木，百年樹人」，樹木只需經過十年，便可以成材；教育必得經過百年，績效方始見諸社會。歷史上，日本人曾經留下不良的紀錄，使人痛恨。日本人做事認眞的態度，科學的精神，卻又值得我們學習。

# 綠金事業

平坦的聖他安娜山谷裡，多是黑黑、鬆鬆的肥土，農夫在上面辛勤的翻耕，忙碌的收穫，一穫、二穫、三穫，輕鬆普通，好天候加上肯吃苦，可以收上五六甚至七穫，直到凍寒降臨。

現今盛行栽種有機作物，一塊雜草全無的農地常是因爲化學殺草劑噴灑過多的現象，這種地多半乏人問津。新潮的觀念是，雜草算什麼？蟲害算什麼？雜草不生，蟲子不來的地，不是天然的地，不能生產天然的作物，不健康。

有機農耕的目的在盡量延用傳統的天然資源維持土壤生產力，太陽能、風能、昆蟲、腐敗的動植物等，在在都可增肥土壤，有益農作，增進健康。

小鎮的農地，越來越多人改爲有機農耕。本地最大的有機農場主人，在八〇年代，憑他卓越的農業知識，領先從事有機作物的生產，二十年來不斷改進，將近二百五十畝的田地，經營數千萬元「綠金」事業，小鎮農民幾乎個個都是他的部屬。

路過小鎮的田邊，只見成群Amigo正在一鋤一鋤的墾地，或蹲在地上耕作。這是潮流的趨勢，我們慶幸山腳下自己小小的十畝地，也朝著有機生產，好歹方向總算是對的。雖然，我們生產的瓜小果小，雞瘦鵝瘦羊瘦，少吃一點，多滋味；身體健康，保平安。這時候，中國人的阿Q精神挺好用的。

小鎮繼續不斷的成長，有鎮民贊成開發，也有鎮民反對，開不開發，靠天時地利人和。開發結果，不容我們置喙，留待後人去評定。

至少，我們非常欣賞小鎮今日的風貌。

史坦貝克是二十世紀的美國小說家，早期的作品包括了：《憤怒的葡萄》、《人鼠之間》等書，內容充滿了對農民與工人的同情關懷，以及百姓困苦、奮鬥的精神，因此有「民眾的吟遊詩人」(Bard of the People)之美譽。一九六二年他獲得諾貝爾文學獎。一九八〇年末期，美國政府便在他的家鄉沙利那斯市興建一座「國立史坦貝克中心」，並每年舉辦「史坦貝克節」(Steinbeck Festival)。

# 收穫

# 8

# 花花世界

各方花農運來色彩繽紛、最新鮮的花卉，百合花、玫瑰花、康乃馨、劍蘭、繡球花、水仙花、鬱金香、菊花……，本地的、進口的，還有來自夏威夷濃艷的熱帶鮮花，滿桶滿桶任人選購。

在一年四季，農場隨時可以看到遠遠近近的花卉，花團錦簇，盛大開放。朋友們都說，不像農場，倒像個公園。

起風時，五顏六色的花瓣，乘著風，飄啊飄的落滿地，雖說花瓣會化作春泥護花，站在經濟的效益上，如能得到些有價值的回收，不是更有意義？

花的市場，只要是品質好的花卉，人見人愛，需求量很高，花農的前景無限遠大。然而美國政府爲了鼓勵中南美洲的國家不種毒品改種鮮花，特別將鮮花市場開放給中南美國家，結果他們不但毒品照種，憑著低廉的勞工，也奪取了本地花農的鮮花市場。

大批艷麗的花卉，成捆成打的從中南美冷藏進口，花市、花店、連鎖超級市場到處擺售著，本地鮮花失色不少，乏人問津。

記憶中，曾經看過一個廢棄的玫瑰花農場，一座座的玻璃溫室，冷熱調溫系統、自動噴水、花架、花棚兼具，規模龐大，設備齊全。當初一定是花枝滿室，生意興隆，工人、顧客，人聲沸鼎。如今，情人最中意的紅玫瑰，含苞的、盛開的、凋謝的，一直長到屋頂。花間雜草叢生，寸步難移。荒蕪的景象，眞令人惋惜。

改變農場經營方式，拆除這些設備，得大動一番手腳，花費又是個未知的天文數字，我和農夫只有搖頭興嘆的份兒了。

## 菊花姑娘

不遠處有一個菊花農場，一對中國夫婦帶著四個女兒，憑中國人的細心與耐性，辛勤的種植菊花，供應市場的需要。

菊花喜愛開在秋陽下。爲了市場一年的需求，花農在溫室使用燈光照明，給菊花適當的日照，促使菊花開在特定的時間，我們一年到頭都可以欣賞到花。

據說種植菊花需費的人工千倍於玫瑰，就拿將綻放的菊花花朵，小心翼翼，一朵朵套上尼龍網保護來說，誰會有這等功夫？

四姊妹從讀高中的大姊到唸初中的小妹，個個長得如花似玉，粉白透紅的面容，不施胭脂，烏黑的頭髮，樸實的往後梳成馬尾，或是直髮垂肩，透出清純健康的氣息。她們忙碌的整理工作，行走在淡淡的菊花當中，愈顯人比花嬌。

她們與父母住在簡陋的農舍，用功讀書兼照顧菊花，父母有她們陪伴工作，大家共同努力爲菊花辛勞，滿足喜悅的生活，世間少有。

多少年過去，我們一直記得這個和樂美滿的菊花人家。花一般容貌的菊花姑娘，是否別來無恙？

## 花落誰家

栽培的菊花，怕蟲咬，又怕風吹雨打，要施肥，又要修枝，勤勞呵護，才能長出完美的鮮花，運往市場。種種的辛苦，我們那敢嚐試？

農地上四百多株玫瑰，它們靠著陽光，自然成長，沒有溫室的保育，歷經風吹日晒與蟲咬，和市面上溫室

栽培的玫瑰不能比，將切枝的玫瑰上市，我們從沒想過。

仲春時分，一朵一朵含苞待放的鳶尾蘭（Bearded Iris），迎著春風挺立在堅硬的枝梗上。鳶尾蘭的花苞耐久放，也許可以給我們帶來機會。這一千多株的鳶尾蘭拿到市場去，不知運氣如何？

奧黛麗赫本在電影「窈窕淑女」（My Fair Lady）中飾演貧窮的賣花女，她手捧鮮花，楚楚可人，走在街頭，任誰都樂意跟她買花。我這鄉下村婦，老了不說，泥土味超重，在繁忙的大街上，人不嫌棄，已經是慈善心腸，想要人掏腰包買花，還是別作白日夢吧！

和暖的春風，吹得鳶尾蘭一處一處地開花，柔柔的藍色、紫色、黃色……花朵開在茂盛的長劍型綠葉片上，點綴著春天。我拿起電話，打給花店，在電話中討論花事，不用本人親自出馬，誰又眞的想知道誰是誰。

鳶尾蘭似乎是一種頗爲特殊的花卉，鄉下花店客氣的對我說：「No Luck」，他們運氣不好，鳶尾蘭賣不出去，當然就不會跟我買花了。附近小鎭的花店，不是No Luck，就是出價奇低，令我只想將花留在農地上，自己好好欣賞個夠。

春天的腳步逐漸遠離，尚未找到買主，農夫與我，只有像過去每個春天一樣，讚美鳶尾蘭盛開，賞心悅目。

高貴的鳶尾蘭，我不能讓你被埋沒在山腳下，孤芳自賞。

## 拼老命也要賣花

我從鄉下一路問到城裡，城市人沒有多餘的空地種花，愛買花的居多，但願在城裡，鳶尾蘭從此找到理想的歸宿。

暮春了，鳶尾蘭花季已盡，我帶著所剩不多的花枝，到城裡碰碰運氣。

在那路途遙遠的城裡，半夜就得摸黑上公路，往北走一〇一號公路，再轉八十五號公路，最後走到二八〇公路，清晨五、六點鐘，天還濛濛亮，花市已經開始熱鬧起來了。各方的花農，運來了種類繁多，色彩繽紛，最新鮮的花卉，百合花、玫瑰花、康乃馨、劍蘭、繡球花、水仙花、孤挺花、鬱金香、菊花、大蒜花……，本地的、進口的，還有來自夏威夷濃艷的熱帶鮮花，滿桶滿桶任人挑選。

我的鳶尾蘭，三片長得寬闊形似花瓣的花萼上面，各有一條裝飾性鬍髭，毛絨絨的橫臥花萼上，與花萼同色，十分突出。市面上常見的鳶尾蘭，花萼上面缺少鬍髭，花朵清瘦單調，都是一捆一捆的售賣，有鬍髭的，才可以論枝出售。

我的花一共有七種顏色，淺藍、藍黑、紫紅、黃銅、淺紫、杏黃與鵝黃，顧客較愛深濃色的紫紅與藍黑花朵，我自己倒是偏愛嬌嫩的杏黃色，這大概和我喜食杏子（Apricot）有關吧！

鮮花冷藏可以保存新鮮度，冷藏過久，含苞欲放的花朵，未曾大開，便已垂垂枯萎。鮮花市場裡，人頭鑽動，分秒必

爭，搶在短暫的花期內，將美麗送到愛花人的手中。

還是城裡的人比較願意欣賞，雖然鳶尾蘭花季即將結束，但已有幾個大花店和我預定了明春的鮮花。這一趟沒有白來，只是開上一段又一段的夜路，我的老命先去了大半。

## 愛情與麵包

這些年來，我的玫瑰花瓣，不是隨風飄零，就是剪枝後進入羊口。偶爾，我會在清炒雞蛋的時候，灑上一小撮切碎的玫瑰花瓣，增添一點愛情的浪漫。第一次農夫發現澄黃的炒蛋上面有丁丁絲絲的細碎末時，他問：「老太太，這是什麼？」我照實說：「玫瑰花瓣。」他木訥張嘴，大口大口的吞嚥炒蛋，請相信我，玫瑰花瓣並沒有產生任何愛情的魔力。

要愛情還是要麵包，自古以來，總是令人難以取捨，到底愛情與麵包孰重？真不容易決定。

鄰近的糕餅舖，一對老夫婦親手作出各種健康的蔬菜麵包、香料麵包供應顧客。七十幾歲的老夫婦，天天揉麵，搬運麵包，得到足夠的運動，身體與精神保持健朗，這是一個健康糕餅舖。他們的女兒專門研究開發新產品，當她知道我們的玫瑰五年來不曾用化學農藥殺蟲，而是農婦我親自用手捉蟲，也不用化學肥料施肥，只給農場的雞肥，她開始對這玫瑰花瓣產生興趣，拿了一點回去作試驗。

不久，糕餅舖送來試做成功的玫瑰麵包與玫瑰餅，看見這充滿了玫瑰芳香的食品，我感覺，愛情在滋長。

到底是「民以食爲天」，因爲愛玫瑰，我心中捨不得將含苞的玫瑰剪枝供瓶插。這會兒爲了做糕餅，我不但心安理得，還心情愉快的收集玫瑰花瓣。玫瑰花瓣終於找到出路，爲人所用，使我欣慰。玫瑰，玫瑰，我愛你。

原來，愛情與麵包是可以兼得的。

「窈窕淑女」（My Fair Lady）一片敘述美麗卻粗俗無知的賣花少女（奧黛麗赫本飾），經怪脾氣的中年教授（雷克斯哈里遜飾）的訓練改造後，儼然成爲一位上流社會的淑女名媛，震驚了社交界。之後兩人雖不歡而散，卻因彼此已習慣共處的時光，最後還是以重聚收場。

# 9

# 千里尋馬

他徒手捉馬，替馬套韁繩、掛馬鞍，然後跟隨大夥兒騎馬趕牛。騎到半路，馬頭低過身體，農夫立刻順馬頸滑溜下來，飛彈到地面。拍拍身上的塵土，農夫半瘸半拐回牧場。

山谷中，不少人家養馬。崎嶇的鄉村小路兩旁，時而出現破敗欲傾或新穎鮮亮的馬廄。草地上，灰馬、棕馬、黑馬、白馬、花馬……老馬、壯馬、小馬、公馬、母馬……，到處看見馬。藍藍的天空，飄過幾朵白雲，清幽的空氣，揚不起一絲塵埃。青山綠樹下，彎彎小路引領我們進入柔美的民謠組曲天地中。

迎面走來一對年約十歲左右的小姊弟，姊姊手牽一匹與她同樣高的小馬，身軀不大，配上四隻特別細小的長腿，就像小姊姊瘦長的身子。弟弟身高不及小馬，快步跟著姊姊走。能夠擁有一匹馬，一匹可以與自己同步成長的小馬，正是許多美國孩子心底遙不可及的夢。

史坦貝克寫的The Red Pony中，小男孩周迪（Jody）的父親給了他一匹小馬，雖然小馬年幼，尚未訓練套韁繩，不能騎用，同學之間，周迪的地位已經提昇至騎師(horseman)階級，講話開始有份量，受到所有小朋友尊敬。這種地位，得來不易，周迪在農場幫忙父親，更是勤奮加三級了。

小姊姊面帶微笑，手握韁繩，一路行走過來。她的步履堅定，多少小孩缺少的就是這份自我肯定的信心。

# 白馬王子

在我早年服務的幼兒所，一個清晨，陸陸續續來了些兩三歲的小女生，人人都是白雪公主，大家快樂的幫小矮人燒飯洗衣服，大家都吃了毒蘋果，一起倒在地上等白馬王子來到。等啊等，終於來了個小男生傑克，我問他：「傑克，你願意做白馬王子嗎？」傑克答得很爽快：「OK」，我說：「白雪公主正在等你。」他走到屋內一看，地上躺滿了白雪公主等待他救，結果他立刻衝到院子裡玩，再也不進屋。留下一地的白雪公主，玩不下去。我告訴傑克的母親：「傑克不肯當白馬王子。」他母親看地上的情形，笑說：「Too much work」。我只好對等待中的白雪公主們說：「白馬王子不來了。」地上的一群公主們聽見，立刻翻身起來，重新快樂的替小矮人燒飯洗衣服。

迪士尼的卡通看多了，美國男孩不一定想做白馬王子，美國女孩可是大多都想做白雪公主，有朝一日，終於找到白馬王子，從此和他過著幸福快樂的日子，直到永遠的永遠。女兒與兒子小學畢業後來美，這些對他們倒沒什麼影響，媳婦雖然找到白馬王子，內心卻一直想要一匹馬。兒子轉達她的心意，問我們，農場何時養馬？

當年在台灣，農夫從來沒有機會看清楚馬的眞面貌。留學後，到肯薩斯牧場實習，天天騎馬趕牛，天天大塊吃牛肉，大口喝啤酒，也算是道地的牛仔。那時年紀輕輕，初到牧場，老牛仔丟給他一匹馬，他徒手去捉馬，替馬套韁繩、掛馬鞍，然後跟隨大夥兒騎馬趕牛。騎到半路，馬低頭，低過身體，農夫立刻順馬頸滑溜下來，飛彈到地面。拍一拍身上的塵土，農夫半瘸半拐回牧場。馬早已回來，悠閒的在馬廄嚼草根、飲水喝，還用馬眼冷冷觀看農夫整理一身的狼狽。

馬是靈性的動物。養馬就得洗牠、刷牠、餵牠、愛牠，需要花費很多時間耐心照顧牠，彼此互相熟悉對方，馬才肯服人。卅多年前的農夫如西部牛仔，每天一把糖，幾根紅蘿蔔，先甜馬嘴，既而勤洗勤梳，輕拍慢撫，漸漸成爲馬的心腹之交，不再摔他下馬。今日的農夫是老骨頭，體力大不如前，養羊、養魚、養雞、養鵝早已分身乏術，不知他可有時間與精神多愛一匹馬？

## 馬脾氣

馬的世界根本沒有人，也不需要人。

野外深谷中，野馬（mustang）一群一群，聚集活動。小馬出生後，不到一小時，就可以站立奔跑，跟隨母馬學習獨立，在原野上奔放移走，自由自在的生活。野馬體格健壯，體型優美，是高雅的象徵，人人喜愛。

自從人發現馬的聰明智慧，一經馴服，聽命於人，使喚方便，於是耕作、拉車、趕牛、跳舞、跳高、賽跑、打獵，處處想到牠。

基本上，馬不喜歡被人套韁繩、掛馬鞍，隨時找機會躲避。曾見一位美國楊貴妃，約有

中國楊貴妃的三倍體積，行動極不方便，騎不上馬，好不容易幾人抬她上馬，馬都看在眼裡，乖乖等她坐穩馬背，小心謹慎，用盡全身力量，抖抖顫顫，勉強走兩步，後腿膝蓋一彎曲，女騎士當場來個大元寶仰面翻滾落地，不敢再跨上馬背。這時，馬走到樹蔭底下，在一邊乘涼。

泥土小路口上住的克利斯（Chris）愛養馬。週日他忙著去矽谷上班，早出晚歸，沒有時間好好照顧馬，人馬感情不佳。假日他最愛騎馬慢步在鄉間小路上，看到他和馬，令人不知是人騎馬，還是馬騎人。馬兒顯然極不情願被他騎，愛走不走，舉步艱難。他手握韁繩，指揮馬前進，雙腿夾住馬肚，馬刺用力刺馬，馬才前進一步。人馬費盡九牛二虎之力，走近小路底拐彎角，剛調轉馬頭，馬立即直直往回家的路飛奔，克利斯猛力拉緊韁繩，也停不住牠，一口氣，克利斯隨馬衝到了家門口。

住他隔壁的芭芭拉說，克利斯經常被馬摔下馬背，受傷是常有的事，最嚴重的一次跌斷肋骨數根。

這麼不聽話的馬，我們如果騎了，恐怕老命都保不住，絕對不能讓牠進家門。

# 馬伯找馬

馬經過挑選與訓練，有的會耕田拉車，是工作馬；有的會賽跑，是賽馬；有的會表演跳舞、跳高跳遠，是馬術表演馬。電視上看賽馬或奧運會馬術表演，名氣響亮點的馬，動輒百萬千萬，令人咋舌。

馬參加賽跑或馬術表演，志在贏得冠軍，主人可以獲得鉅額獎金或獎牌，冠軍與其後代的身價非凡。這種馬平日所受的待遇，在人之上。兩三名獸醫同時會診檢查，確保牠健康。數名馬伕，輪職服役，替牠刷洗清潔身體，精梳鬃毛與尾巴，大梳梳完換小梳，有時還得塗抹香油，編結麻花辮以保護毛髮不致斷裂。異常寶貴的馬，主人在牠身上覆蓋薄毛毯，新長出的體毛高度一致，平整秀麗。何等高級的享受，我們賣雞、賣鵝、賣羊，就是賣了自己，也供養不起。

芭芭拉有馬房設備，除了替人照顧馬匹，還兼營舊貨買賣。賽馬、表演馬，又貴又不實用，我們農場需要會做工的馬，幫忙農務活兒，但芭芭拉說：「工作馬要特別訓練牠做工，有的比賽馬還要貴。」

本以爲工作馬灰頭土臉，不修邊幅，價格一定不至於多昂貴，誰知道，耕田拉車還需要訓練，花費更多，失算失算。想到我們上次跟芭芭拉購買舊的黑色木柴架，她臨時將原來金色的木架漆成黑色，油漆尚未乾就拿來賣給我們，價格與商店的新貨差不多。她的話值得深思。

我問她：「小馬貴嗎？」

她說，斷奶後的小馬，未經訓練的比訓練過的便宜。這個頗有道理。尤其是小馬個性不穩定，一天高興讓人騎，一天不高興，將人摔下馬來，潛伏的危機，給人更大的壓力。我們想想，不要小馬。

鄰居黎明與麥克的婚姻，沒有了愛與情，走上離婚之路。他們的農地，無人愛護管理，雜草叢生。雜草堆裡，時常看見一匹白馬的身影，進進出出。那是一匹十幾歲的老馬，在牠一生當中，該做的活兒都已做過，該跑的路也已跑完，如今右腳踝受傷，退休下來。牠的性情溫和善良，小孩騎牠，像騎水牛背一樣平穩。正合我們理想。古代伯樂尋找日行千里的千里馬，我們尋找的卻是會走牛步的走路馬。

圍籬邊，我問候正在辦離婚的黎明。美國人離婚，不是分財產、爭孩子，就是出席法庭、互揭瘡疤。只是麥克太不乾脆，給黎明添加無謂的煩惱。我問她，離婚辦得如何？她說，手續進展回到原點，離婚遙遙無期，懸在半空中。離婚以後，也不知道能不能繼續養這匹白馬，不過她會將牠給我們。

我知道實在不應該有這種想法，但是，我突然好希望她的離婚手續快點處理完成。

## 虎父虎母生馬仔

馬年年初，兒子告訴我們，農夫與我即將升格做爺爺與奶奶。聽到這個好消息，我們積極找馬，想了卻媳婦的心願，或許還可了卻孫輩的心願，一勞永逸。

八月底，健康的小馬平安誕生了。他的父母是一頭雄老虎與一頭雌老虎。我開心的同兒子說：「我們已經有自己的小種馬了。」

兒子笑笑對我說：「現在我們不騎馬，要開車了。」

# 10 植樹三季

因爲愛種樹，什麼樹我都拿來種，種子發芽的小樹苗、接木、插枝、分株，全試過了。要說本事沒有，唯一最大的能耐是把樹給種死了，死了再種，非把樹種活不可。

種樹不難，到苗圃去挑一棵綠葉茂盛、枝幹粗實的樹苗搬回家，找個適當地點，挖了洞，放些肥料與泥土攪拌攪拌，把樹根深深的埋下，再澆點水，就種好了。

樹種好了，要使它能繼續生長下去才重要。雖然樹不言語，表達樹的意識能力有限，活不下去了，就死給你看，你總明白吧？

因爲愛種樹，什麼樹，我都拿來種，種子發芽的小樹苗，接木、插枝、分株，全試過了。要說本事沒有，唯一最大的能耐是把樹給種死了，死了再種，非把樹種活不可。從小到大，種死不少樹，也種活不少樹。

農場裡頭，大大小小，高高矮矮，總有七八百棵樹。除了早期情況緊急，急需隱蔽樹，才勉強從苗圃搬回五十幾棵樹苗外，其餘的樹，多是從小樹苗開始，一年一年在殷切的期盼中長大。

種下去的樹會死，需要補植，地點是個因素。低窪處淹水，樹根容易腐爛，需要移植；斜坡地，水份易流失，需重新填土或移植。一棵樹種下去，挖起來；挖起來，種下去，搬搬移移，春天夏天秋天，皆可種樹。幾乎每一棵樹，都有一段或長或短的來龍去脈。

## 等待楓紅

在學校，我學歷史。小學到高中，天天風雨無阻，從不缺席，大學剛好相反。學史未通，但深受史學影響，倒還懂得尊重古物，越老越舊，越值得喜愛與保留。家中廢瓶子、舊盤子，堆得滿櫥櫃。農夫最走運，越老越被人愛。書中人物地理，千百年的歷史，我記不得了，農地上這幾棵樹，種下去才三五年光景，每棵樹，怎麼種，怎麼長，我的記憶猶新。

就拿屋前兩棵紅楓來說，是在舊金山大都市的時候，去苗圃買了兩盆瘦小的當年生樹苗，我們一直不願種下土，想將這兩盆紅楓帶到當時連個影子都還沒有的農場，做爲它們的永久居留地。中間小盆換大盆，已經換了好幾次。我們遷居郊外小城，小城並非它們的永久居留地，在盆中又多等兩年，等我們搬到山腳下，才將它們種在房屋進門口，一邊一棵。

這兩棵楓，在盆中委曲的生長了這些年，遇到土地，拚命發展，立即長成兩棵高大的紅楓，枝幹優雅，紅楓層層，人人讚美。當初的等待，不是白等的。

農區還有三百多棵玫瑰的歷史，得從十八年前開始講，比王大媽的裹腳布還長，不提也罷。

## 桃紅山楂夢

廚房洗水槽窗前有棵二十幾呎高的山楂樹（Hawthorne）。初秋寒霜未降，它已是紅果滿枝椏。串串粒粒，鮮艷的小紅果，點綴在繁盛的綠葉叢中，紅綠強烈對比，像幅畫。

我站在窗前，一邊洗碗，一邊賞畫，清水慢慢流著，我的碗怎麼也洗不乾淨。

那年初到美國，住在舊金山。舊金山老家的後院，有棵山楂樹，那是最普通的一種。它斜伸出牆，粗樹幹上，垂柳般的樹枝，彎彎垂掛在後院一角。每年春天，山楂花開，一樹雪白花朵，沿樹枝低垂披掛，蓋滿後院牆角落。白色耀眼，照亮我眼睛。

海風陣陣吹送著，雪花似的山楂花瓣，隨風飄零，片片飄落後院，我想念太平洋彼岸，離別的親人，以及徬徨而不可知的未來。

玉潔冰清的山楂花，年年熱鬧在春風裡，陪伴著我。

舊金山一住十年，我們又在附近人家院子看見另一種山楂樹，滿樹誘人的桃紅花朵，別有一番韻味。有空我便走過去，隔著矮樹牆，盡情欣賞。

搬到郊外小城，小城人家的庭院幽靜，多奇花異草，獨缺山楂。

一次散步，來到了久違的山楂樹

下，盛開的花瓣，越過檜木圍籬笆，織出一面嬌艷的桃紅。老街本來綠意深濃，愈顯生動又活潑。

圍籬外邊，恰好有一棵剛剛才吐出兩片新綠芽，嫩嫩的小苗，便將它帶回家，培育在盆中，將來可以種到農地上。

樹種多了，去苗圃買已栽培好的樹回來種，簡直太沒有挑戰性了。農場很多樹，都是從種子發芽長大的。一般種子種樹，發芽後約三四年始開花，剛剛開花，花不多，果更少，進入第七年，才會花多果盛，直到果子摘不完，叫人頭疼。

農夫常說：「要吃農場的果子，得長命。」尤其是農夫愛吃的鄂梨（Avocado）果樹。先是一粒鄂梨種子在盆中發了芽，三年後，移植農地。碰巧那年冬天奇冷，幼苗受不起霜凍，僵死地上。我又培育兩棵苗，三年後，一齊移種車棚邊。左三年，

右三年，現在已經長到棚簷的高度，仍舊無花亦無果，等的人耐性早沒了，才會下這樣的結論。

小山楂樹苗，跟隨我們來到農場，定居在北邊的廚房窗前，早晚看它好幾回，指望它快點長大。

既然是在一片桃紅花海下找到的小樹苗，我們期待綠映窗前，桃紅色美夢，早日實現。

## 紅紅的山楂果

山楂樹長到二十多呎高，開花了。它的花，不像雪花那樣白，也不像桃紅那樣艷，白裡透粉的花瓣，出乎我們的意料之外，原來是小蜜蜂做的媒，紅花與白花雜交了。

一樹的白裡透粉也很美，雜交的山楂果，比普通純種的果子大很多，紅艷欲滴的掛在樹梢頭，常有小鳥飛過來停歇。大嘴的藍檻鳥，唧——唧——叫著，跳躍穿梭在山楂的樹叢間，長長大嘴，東啄一口，西咬一粒，活像個搗蛋的貪吃鬼。夏天的時候，牠倒吊著、正掛著，啄食我那些面盆一般大的向日葵花子，種子滿天滿地的掉落下來，浪費極了。最討厭藍檻鳥。

藍檻鳥，藍藍的身軀，跳動在紅紅的山楂果與滿樹的綠葉當中，藍色大膽醒目，我忍不住多看牠兩眼。有時，樹梢飛來黃黃的小黃雀，輕巧的品味紅果子，淺嚐即止，圓圓的山楂果，留下一角殘缺。黃黃紅紅綠綠，多麼柔和。

農夫常常奇怪，爲什麼我的碗老是洗不好？他哪裡會知道，我正在欣賞彩色的旋律，出了神。

鳥雀都喜愛這紅紅的山楂果，朋友來農場，見到山楂果，也喜愛。不起眼的小小山楂果，味道酸中帶甜，可以入藥，吃了幫助消化。小時常吃的零嘴，山楂片或仙楂片，就是用山楂果做的，淡粉色，一包十片左右，沒事做的時候，拿一片放嘴裡含著，挺有味的。當時並不在意幫助消化，也沒人提過，吃著好玩罷了。這種走在潮流先端的健康食品，可惜包裝落伍，又走低檔價位的路線，太不符合現代經濟與消費心理的訴求，遲早被淘汰。只有改良進步，才能開創新的生機。

在西方，山楂也是草藥的一種，希臘人、美國印地安人，用山楂治療心臟的疾病，降低血壓。

這一樹山楂果，我統統都送給了鳥雀，向來只有自己躲在窗後觀賞而已。現在知道山楂果對人體有益，小鳥啊！我也要分享。

青綠的山楂果越來越紅，紅的像假的裝飾果。我安放長腳的梯子在樹邊，心中盤算著，摘一籃給血壓偏高的弟媳婦葉媞，再摘一籃給瑪麗安的小龍女，預防消化不良，一籃……。

小紅果好像多長在高高的樹梢頭，站在樹底下，伸手就可以摘到的沒有幾粒，害我爬上爬下，鑽進鑽出，順著樹梢細柔的頂端，小心翼翼的採摘。

眼尖的藍樫鳥，說牠有多討厭就有多討厭，牠看我不停地摘下山楂果，放進籃子裡，著急了，衝到樹叢裡，跳來跳去，與我同搶紅果子，一面還唧——唧——的叫著，提醒我「分享」。

安啦！我又不是那種愛貪的人，一定會留下很多很多紅紅的山楂果，讓大家吃得都高興。

# 11 三人行

農地上，農夫、阿狗、「三根毛」，列成縱隊去工作。農夫細長身子，前面領路，阿狗中間來回走，小不點兒的「三根毛」永遠殿後。

農場飼養的動物種類多，羊住南邊羊區，鵝住西邊鵝區，珠雞住東北邊珠雞區，雞住北邊雞區，只有三隻孔雀不成一群，讓牠們借住雞區，將來再作打算。

雞區裡面三隻孔雀，二公一母，屬少數民族，有吃的雞都搶先去吃，牠們有吃沒吃，好歹也長大了。公孔雀一身光鮮亮麗的羽毛，引人注目，可惜，唯一的一隻母孔雀，並未接受任何一隻公孔雀保護，獨立性甚強。

春天的時候，鵝區的鵝，整天叫鬧著，追求的追求，結婚的結婚，不追不結的，也在旁邊瞎起鬨，從早到晚不得一刻安寧。羊區大公羊，忙著嗅嗅這隻母羊，頂頂那隻母羊，多虧牠辦事認眞，小羊全靠牠了。一個春季下來，可把牠累得慘兮兮，披頭散髮，不成個羊樣。珠雞區，牠們自己會決定，衰老的領袖，罩不住群體，鬥敗了，必死無疑。多少次我們救

也救不成，管也管不住，牠們自治，推舉領袖，不干我們事。雞區的公雞母雞，早已忙亂成一團，更不用說是春天到了。

只有這三隻孔雀，雖然公孔雀會跳幾步優雅的舞步，母孔雀多數時間都是用背在欣賞。

夜色漸深，雞都回雞舍了，三隻孔雀卻偏愛漫步，徘徊在雞舍的外面，農夫等牠們進雞舍，好關門收工。牠們既不月下談情，也不你儂我儂，平淡如白開水一般的繞著雞舍，這邊走走，那邊走走，老是不進去休息，不曉得牠們在搞些啥名堂，等得農夫乾焦急。

## 聖寶寶

不久，母孔雀生蛋了。我們心中充滿希望，要添孔雀寶寶了。不，母孔雀不理公孔雀，從沒結過婚，這枚蛋，一定是枚無精蛋，孵不出寶寶來的，我們根本沒希望。

孔雀蛋不算挺大，比雞蛋大，又比鵝蛋小。孔雀一年生不了幾枚蛋，不像母雞，一年可以生下一兩百枚蛋，所以母孔雀的蛋異常寶貴。

我們的母孔雀，一口氣生了九枚蛋。牠的另一半是誰？我們不知道。這些，如果有生命，牠們的爸爸又在哪裡？農夫半信半疑的將蛋放進人工孵化箱，無論結果如何，我們總是抱著希望。

農夫擔心這些蛋全是沒有生命的無精蛋，我們還在認眞的孵蛋，簡直尋開心。

一週過去了，農夫撿查這九枚蛋，除了二枚無精，餘下七枚都有精，是誰播的種？第二週，農夫發現兩枚蛋發育不良，已經不再成長，是中止蛋，孵化箱內剩下五枚蛋，還在繼續孵化中。第三週，又有三枚停止成長，太可惜了，只剩下一週，就可以出殼，怎麼不堅持到底？也許是母孔雀第一次產蛋，蛋體不夠強健。現在，我們只剩二枚希望了。

這二枚蛋在孵化箱中發育情形正常，破殼的日子到了，她們卻毫無動靜。孵化鵝蛋時，破殼前一兩天，那些身體壯碩的黃毛小鵝，在蛋殼內一聲一聲的丫丫叫，又一下一下的啄，吵翻了孵蛋箱。

這樣安靜的破殼日，不是好現象。農夫忍不住在蛋殼上敲破一處裂隙，試著給蛋殼內寶寶一點小小的幫助。一枚蛋裡的寶寶正昏頭昏腦的奮力破殼中，透過縫隙，牠出殼了。不過，牠的體質孱弱，雙腳無法站立，難怪久啄，殼都不破。另外一枚蛋，始終沒有變化。

九枚孔雀蛋，孵出一隻小孔雀寶寶，還不良於行，牠每天都用膝蓋爬著吃喝，相當費力。

到底誰是牠爸爸？會是公孔雀，不會吧！母孔雀從不理睬公孔雀。會是那隻常被大公雞追趕的青年公雞，牠年輕力壯，暗中來個「小霸王硬上弓」什麼的花樣，沒有人看見，也說不定。電視上、報紙上，多少母親爲孩子找爸爸，不是都找到爸爸了，小孔雀寶寶一定有爸爸，除非牠是個「聖寶寶」。

農夫做了迷你小支架，支撐小孔雀寶寶行走，希望牠能夠很快的獨立。小孔雀寶寶辛辛苦苦的活了五天，第六天牠精疲力竭，終於和我們永別了。我們心中說不出的悵然。

出乎意料之外的，母孔雀又開始生蛋了。二枚蛋，有精沒精，是個大問號？該放孵化箱，還是省點事不管呢？

深思過後，農夫決將這二枚孔雀蛋，放進人工孵化箱，給牠們機會，再試一次。

一週後，農夫檢查孔雀蛋，兩枚蛋都有精，令人驚喜的是，蛋還在繼續不斷的成長。日子一天天過去，我們越來越有希望了。

該是破殼的時候，牠們照樣無能力破殼。這次，農夫駕輕就熟，他略略輕敲孔雀蛋一角，小小的幫助一下。有一隻小孔雀寶寶走出殼來，另外一枚蛋，還是沒有結果。

這個小寶寶因為父不詳，農夫一時不能確定牠是純孔雀？孔雀雞？雞孔雀？這是雞與孔雀混雜相處的不良後果。

儘管孔雀先生與孔雀小姐的羽毛多麼紘麗耀眼，走路姿態又多麼高貴，牠們的排泄物可是又大又難看，還比不上雞的秀氣。看到小寶寶與牠小小身體不成比例的排泄物之後，農夫確認，牠，屬於孔雀家門，是如假包換的小孔雀寶寶。

人工孵化的小寶寶，不論牠的父親是誰，都把出殼後第一眼看到的人當作親爹娘，於是，農夫榮任孔雀爸爸。

## 善妒的阿狗

小孔雀日漸長大，白天我們讓牠在陽光稀疏的柳樹蔭底下，一個有水、有飼料、有青草，範圍夠大的鐵籠中活動。只是當牠一看見農夫，就在籠中站立難安，草水不吃，等農夫走過去開了鐵門，牠立即飛奔到農夫身上，抓著爬著，順著農夫的衣襟與袖子，走上農夫的肩頭或臂膀棲息。神態安詳，就像見到親爹娘。

平日裡，阿狗是農夫的好伴侶，有阿狗陪伴農夫巡視農區，捕雞捕羊捕鵝，隨農夫手一指，阿狗立刻以迅雷不及掩耳的速度，手到擒來，農夫省力不少。農夫感謝牠作伴，不時摸摸牠頭，拍拍牠身體。

阿狗自認爲是農夫的保鑣或密友，或自以爲是個人，也有可能的，反正，農夫走到那兒，牠必跟到那兒。如今，出現一隻小孔雀，不時的在籠中呼喚農夫，農夫抽空放牠出籠門，帶牠到附近草地走走，找蚯蚓給牠吃，多多少少，把阿狗冷落在一旁。阿狗的眼紅了，時常用頭去頂撞小孔雀，有時撞得過了火，還把小孔雀撞得一路翻跟斗，想必是恨透這小傢伙。農夫見阿狗欺負小孔雀，以大欺小不可原諒，便責罵或處罰阿狗，阿狗更恨牠了。農夫不在的時候，難保阿狗不把這小東西一口吞下肚，讓小孔雀永遠消失，最好！

阿狗善妒，我曾領教過。早期，阿狗與我不熟，看見我與農夫擠在一張木板凳上坐，走得又近，牠受不了，低聲對我咆哮恐嚇，並做勢要咬我。現在牠了解我與農夫的關係，我還常拿好吃的骨頭與硬得嚼不動的瘦肉給牠，牠便不曾欺負我了。

## 三根毛

長大的小孔雀，羽毛日漸豐滿，頭上長出幾根參差不齊，短短的冠羽，我們叫牠「三根毛」。

「三根毛」的毛病還不少，愛自由、愛跟人、愛飛、愛亂走、愛惹狗、愛……。

「三根毛」被關在鐵籠裡，不耐寂寞，只要有人打籠子邊經過，牠就在籠內不安份，踱方步給人看，看牠一副可憐的模樣，我會走向籠子，替牠開門，讓牠在籠邊活動一下。牠也挺會享受自由的，一出籠子，馬上伸展小小的雙翅，猛力搧動幾下，然後扒土，吃草籽，追蟲子，一刻不停的忙著，有時還在太陽下，挖個泥洞，洗沙浴，揚起沙塵，一片迷漫，頗能自得其樂。

我擔心大樹上的老鷹們，天天低飛掠過柳樹蔭底下好幾回，表示牠們密切關心，叫我們警惕。我只好守著愛自由的「三根毛」，一步也不敢離開，什麼事都不能做。

「孔雀爸爸」經過了，看見「三根毛」在籠內踱方步，馬上打開籠門，讓牠出來，牠就會跟著「孔雀爸爸」走。別看「三根毛」的身子小，跟起路來，小小腿兒轉得像車輪一樣快。從北邊的雞區，一路跟著農夫與阿狗，穿過中間果樹區，走到西邊鵝區與魚塘到南邊羊區，牠落在後頭，腳步卻緊緊的跟到底。

農地上，農夫、阿狗、「三根毛」，列成縱隊去工作。農夫細長身子，前面領路，阿狗中間來回走，小不點兒的「三根毛」永遠殿後，是一支趣味的特種農耕隊。有時阿狗會幫忙農事，「三根毛」則四處走，挖土吃蟲，走著走著，不見了蹤影，還得勞煩阿狗去找牠，難怪阿狗討厭牠。阿狗找到牠，用頭輕推牠回來，雖然不喜歡牠，為了生存，總得接受牠，這是做人家狗的難處。

紅紅的太陽，走到山谷西邊的山頂上，準備下山了。農夫帶隊，阿狗、「三根毛」一個跟一個，踩著夕陽斜照的身影，回到屋子邊，等待收工。

這一行，來到「三根毛」的小鐵籠，「三根毛」走遍籠外的世界，再也不自動進籠。農夫就地坐下，阿狗靠農夫身旁躺平，「三根毛」遊走二者之間。「三根毛」

從來沒有怕過阿狗，牠走上阿狗的身體，走到阿狗擱在地上的頭腳，啄一啄，扒一扒，阿狗被惹煩了，站起來將「三根毛」頂開，牠知道，千萬不可使用蠻力，否則又要挨罰，自己倒霉。

夜色黑暗，農夫站起身，雙臂平展，像樹幹一般的張開。「三根毛」看見了，立刻揮動翅膀，爬爬抓抓的走到農夫肩頭，有時牠就棲息在農夫臂膀上，農夫帶著「三根毛」回車庫，好讓「三根毛」休息。

不知不覺，「三根毛」的翅膀越長越有力。一次，牠振翅飛向農夫，竟飛到屋頂上，嚇壞了我們，怕牠從此不回我們為牠準備的窩過夜；牠也嚇到了自己，不知如何下屋頂，呆立在上面，我們也束手無策。好幾分鐘後，牠想明白了，再度展翅，滑翔降落地面。然後，輕輕拍動翅膀，小心停在農夫臂膀上，由農夫帶牠，安穩的回到車庫休息。

「三根毛」最喜歡自由活動，叫農夫緊張的四處尋找牠，最後只好請牠與雞同住。冠羽小小撮的「三根毛」，還沒成熟不太像孔雀。我們走過雞區，牠又站立難安要自由。對不起了！「三根毛」，我們還不想失去你。

三人行，少了「三根毛」，阿狗可樂了。

# 12

# 甜美的杏花雨

輕柔的春風吹拂過來，杏花點點飄飛，天上地上，乘著春風飛舞，舞啊舞，舞在農地上，舞在馬路上。綿綿的春雨，又將點點杏花，無情的打落滿地。

我娘家本來是務農的人家，父親幼名杏亭，杏林中的亭子或杏樹做的亭子，非常鄉土的名字。從小聽祖母喚父親「杏亭」，覺得鄉氣十足，心中不明白，爲什麼不取「耀東」、「定宇」，非但有意義，又高貴響亮。

五十過後，在社會上打滾已有一陣子，自認爲各種名字也見識了不少，反而感覺，「杏亭」鄉土的好，令我有親切感。

## 硬將黃李當黃杏

記得曾問祖母，「杏」是什麼？祖母說，杏子比桃子小，有點像李子的大小、皮薄、色黃，沒多少汁，但甜似糖。台灣不產杏子，但從祖母口中聽了讓人直流口水的杏子，我想吃吃看，不知有多甜美。

夏天的水果攤，亞熱帶水果：蓮霧、芒果、枇杷、釋迦、龍眼、荔枝、香蕉、鳳梨、高山桃子、李子擺滿一攤子，還有地上堆了不少的西瓜，就是沒見著杏子。走過水果攤，我眼睛淨往黃色的水果堆裡溜。桃子，太大了；枇杷，形狀不對；李子，黃色的，是杏子。

我問老闆：「老闆，那是杏子嗎？」

誠實的老闆回答：「是黃李。」

心中多麼希望這就是黃杏，我再問一遍：「是杏子嗎？」

這次，老闆的語氣堅定，態度有點不耐煩，他說：「不是，是黃李啦！」

實在太想吃到杏子了，明明老闆說不是杏子，我還是把黃李當黃杏，買回家去吃吃看。黃李就是黃李，皮黃肉黃而已，我沒有吃出不同於李子的其他味道來。

當年台灣也有香港進口的大陸杏脯，乾乾癟癟的杏脯，哪能吃出真正的杏子味道？

## 杏花村

搬到山腳下的小鎮，小鎮位於聖他安娜山谷地，領受西南邊蒙特婁海灣(Monterey Bay)吹來的太平洋氣流影響。寒冷的冬天，足夠杏樹需要的冬冷；暖夏使它晚熟，恰好與酷熱的內陸產早熟杏子錯開。高甜度，最適合做杏脯。鄉下農人多種杏，三步五步就是一個杏林。家家庭院都種一兩棵杏樹點綴。

小鎮開發後，一處處的杏林闢建成住宅。寸土尺地，黃金地段的小鎮市中心，一家種杏的人家，廣大的農地上面全是整齊排列的杏樹，兩邊臨大馬路的轉彎角，一棟新穎的大農舍，漆成杏色（Apricot），似粉非粉，似黃非黃，少見的顏色。在此之前，我沒見過有一種顏色叫「杏色」。住在裡面的老先生，夏天走出來，在屋前種下幾行長紅豆，秋天順著梯子爬上路邊兩棵高大的鄂梨（Avocado）樹上摘果子。他的一舉一動，受到路人注目。他種在大馬路邊的杏林，看得路人眼癢。

淡淡的三月天，又是春風，又是春雨，灑得杏花朵朵開放了。鄉下小路邊，一片粉白，小小的一片，大大的一片，錯綜交雜。清新的空氣中，杏花香氣逼人，辛苦了蜜蜂與粉蝶。

輕柔的春風吹拂過來，杏花點點飄飛，天上地上，乘著春風飛舞，舞啊舞，舞在農地，舞在馬路上。綿綿的春雨，又將點點杏花，無情的打落滿地。

花飛花飄，路過杏花村，車子、行人身上，總得帶些杏花回去的。

## 杏園春

農地上種樹，以農夫和我的喜好而定。

台灣夏天盛產桃子，桃子好吃，桃花美艷，我們選了許多白桃與黃桃樹苗，種在圍籬邊，果樹區、雞區滿地種，將來桃子熟了，隨時隨地可以享受鮮美的桃子。

到美國來初嚐杏子，超級市場購買的杏子，又酸又硬，談不上甜，買一棵杏樹苗湊個數，就把它種在離農舍不遠的雞區邊上。

種這棵杏樹苗時並未注意風向，種下去後，才發現它正在風口上。寒冷的西風，天天對著它呼呼

吹，小樹苗被吹得向東邊傾斜生長。我們用粗木棍打樁，好不容易將它的樹幹拉正，往上長。

原本只想欣賞三月杏花一樹粉，或者再走一趟杏樹底下的杏花雨，已經足夠我滿意了。誰想到它開完花，還結了幾粒米粒般的青綠小果子，躲在茂密的綠葉叢中，慢慢在長大。

夏日陽光，盡情照向大地，從早到晚，熱哄哄的。杏子晒熟了綠色轉黃色，黃色又轉杏紅，我摘一粒黃中帶紅的軟杏子，來不及清洗，急急放入嘴裡品嚐。

杏子比桃子小很多，與李子差不多大，一次吃好幾粒才過癮。我將杏樹上已熟未熟的杏子，全部檢視一遍，凡是熟的，立即摘下來送進嘴。我在葉叢中間，一粒粒的翻找，直到杏樹下面堆起一堆核，才罷手。

我的晚餐已經解決，農夫過來嚷著肚子餓，我還眞想不起來去做晚餐了。農夫討厭水果成熟的季節，我有了水果就忘了他。

嚐過自家杏樹上的杏子，才知道美味在這裡。於是，我在陽台前面，左右各種一棵杏樹；雞區圍籬邊，加種兩棵杏樹；菜圃入口處，也種兩棵杏樹。只等陽台前面的杏樹長大，合抱在一起，再將這兩棵樹中間，修出一道高高的拱門，自成獨家獨門的杏園。

春風吹綠杏樹的時候，杏園將是一片粉，杏花雨，杏子果……春意無邊，熱鬧極了！

## 盜杏賊

自家的杏樹，樹齡尚幼，枝椏細嫩，再給肥，也多長不了幾粒杏子。

或許是品種不同與地點差異，外面人家的杏子總比我家杏子早熟些時日。七月初，母親來農場小住，我們樹上的杏子尚

未變黃，路口邊的杏林，已是一片杏黃。不久，交通車載來一車老墨採收工人，忙碌的逐樹摘果、裝箱，不消一兩天，採收工作就可完畢。留下一些當時無法採收的幼果在樹上，還有許多落果，掉滿地。

早晚開車經過這片杏林，一路上，看到路邊掉落的黃杏，無人處理，太可惜了。我深知「瓜田李下」，路過瓜田，不可彎腰繫腳上的鞋襪；走過李樹下，也不可舉手整理衣帽，總要避嫌。

但我終究忍不住，將車子停靠路邊，打開車門，走下車去。這些杏子，有些掉落地上已經很多天，開始黑爛。我走在杏林外圍，小路邊上，仔細選了一粒完好的黃杏，試吃一小口，眞是比糖還甜。然後趕緊回車上，找到一個購物塑膠袋，再走回去，撿拾一些裝袋，拿回家給母親。母親的牙齒不好，市面上的水果，帶一點點酸，她的牙齒便不能忍受，如此甜蜜的杏子，老人家一定能接受。果然，她喜愛這些杏子。

別人家的孩子是「偷得仙桃孝母親」，我們撿拾些地上的杏子，就讓母親吃得快樂，母親的心是很容易滿足的。以後每次出門回家，我總不忘撿拾一些新鮮的落果帶回去給母親。

雖說是爲了母親，才去撿拾人家落果，心中總不踏實，虛得很。有一次，鄰居偉德（Wade）開車經過，看見我車停靠在路邊，他停下車來，好心的問我：「Do you need help?」

這等事情，哪敢找人幫忙，我連聲說：「Thank you, I don't need help.」要是我這破車眞的出了問題，一定找您幫忙，不會客氣的。先生，現在還是請您趕快走開，省得我煩心。

未經主人許可，撿拾果園靠近路邊的落果，一樣是盜。問題是主人在哪裡，我也不知道。萬一主人突然出現，問題可大了，叫我精神有壓力。

我拼命給杏園的杏樹施足了雞肥，讓它們枝幹一年比一年粗壯，眼看今年又會是個豐收年。

早在去年，我已經洗手不再盜杏。吃著自家晚熟的杏子，一樣的甜美，卻心安多了。

# 13

# 農夫的魚塘

池塘旁種了五棵柳。五柳先生陶淵明「採菊東籬下，悠然見南山」，瀟灑而淡泊的胸襟，再添一個五柳農夫也無妨。

山腳下，荒草地，什麼都沒有，常見蛇影出沒。

我們在農地西邊二號池塘裡，養了一些魚，釣魚、趕魚、撈水草，每天幾乎都在池邊活動。鄰居遠遠開車經過，圍繞這片地，也圍繞這魚塘。

鄉下泥土小路，不知何方神聖的規定，車速只准十哩，除非趕路，鄰居習慣慢慢開車繞著農地走，將地上的一景一物都看仔細，有時還打報告，告訴我們自己農地上的消息。

老墨媳婦瑪麗安來電，一個緊急情報：「你們家羊在圍籬邊快死了。」聽得人心驚膽跳。原來是母羊正在生小羊，躺在地上，四隻腿伸向天空掙扎，大聲叫起來，嚇壞了好心的瑪麗安。

住對面的Cindy是雜貨店老闆娘，問我：「你們種枇杷樹，我家有兩棵，市場在哪裡？」我也不知道市場在哪裡，枇杷好吃，先吃它到飽，再去找市場吧！

怪只能怪農地四周的柳樹不爭氣，種了死，死了種，到現在五個年頭還不能長出幾棵像樣的大樹來擋一擋外面的視線。如今一眼能夠望穿望到底的池底，讓人家把我們在池邊的一舉一動都看清楚了，我們沒有一點隱私。

# 五柳農夫

我們決定在池邊種樹。選來選去，還是選擇種柳樹。柳樹只要水就活，最容易種，而且西湖邊，台北植物園荷花池邊，都是種柳樹，一定有它的道理。

這麼小的池塘，幾棵柳樹一種，池面被遮蓋，看不見天日，種幾棵才好？一二三四五，就種五棵柳。五柳魚，紅綠黑白的配料，甜甜酸酸辣辣，好看又好吃。五柳先生陶淵明「採菊東籬下，悠然見南山」，瀟灑而淡泊的胸襟，再添一個五柳農夫也無妨。忙菜忙果，忙雞忙鵝；知春知夏，知秋知冬，不知今夕是何夕。成天想與果菜禽獸為伍，擁抱大地，不識人事的自然人。

柳樹長大，秋天一到落葉堆成山，五棵柳樹還是種在下風的東岸比較好，落葉會跟著強勁的西風，飄送到遙遠的天邊，正好給那邊人家做肥料。喜愛釣魚的農夫，也可以在池塘的另外三邊，隨意揮竿，偷空享受釣魚之樂樂無窮，如果魚兒願意上鉤，我們更有口福了。

# 五角涼亭

老美庭園建築的一些特有名詞，Trellis是在Home Depot出售的格子籬笆，或稱格子牆，斜釘的一格一格，預先釘成籬笆出售。花或葡萄蔓生格子架上，可當矮圍籬、花架，用途很廣。Arbor是讓葡萄或花朵一串一串垂掛下來，高高搭建在頭頂上的葡萄棚或花棚。Gazebo是涼亭，四角五角六七角都有，中國各地風景名勝，最常見的是六角涼亭。

幽靜的二號池塘邊，怎可無亭？農

夫被一則廣告吸引「EASY SIMPLE」，便去郵購五角涼亭。

等收到包裝著許多塊固定木頭，有五個方位的鐵片以後，去Home Depot搬木頭回家。廣告詞上說，僅需二十分鐘便可大功告成。憑農夫多年豐富的經驗，大概三兩下就搞定了。

建築五角涼亭的特色在所用的木頭都是一樣長，將來裝釘起來，屋頂是五個等邊三角形，周圍則是十個等邊三角形，五正五倒，怪怪隆地冬，眞是數學天才的發明，農夫坐在木板凳上，進入長思。

等邊三角形的每個角六十度，誰都曉得，用在建築上，六十度角怎麼切？從前蓋雞舍羊舍工具房，電鋸直直切下去，木頭自然就成個九十度直角。一位學土木工程的朋友來農場，看到農夫這些精心傑作，好奇的問農夫：「你是如何測量九十度的木頭？」

農夫雖然不學土木，卻知道一般人自己動手造房子，量九十度角都是用眼睛，看一看便知道。早年台灣有多少違章建築，沒人使用圓規量角器來搭違建，歪一點，斜一點，都行，釘子釘牢一點就好了，何必費心管它八十九度或九十一度。

最令農夫頭疼的是六十度，每根木頭上下兩端必須斜切成六十度，這是那一個聰明人設計的？五個角聽起來就不夠正，農夫早該做自己設計的四角花棚，用四根木頭做支柱，保證四平八穩，屋頂再加幾根橫樑，不就完成了，這才叫做容易，叫做簡單。

既然決定五角，就得硬著頭皮做下去，二十五根兩端六十度角的木頭總算鋸成了，都是一樣的長短，按照說明，只要角度放對，二十五根木頭聯結在一起，立刻成爲一個無懈可擊的正五角形體。理論規理論，實際上，當我們推起了一邊一邊的正三角，互相聯結後，有的內斜，有的外斜，這邊凸起來，那邊凹進去，正五角形早已不成個形體，更別提六十度角了，實在不像樣。

農場裡的耕耘機一直很好用，農夫趕緊駕駛耕耘機到池塘邊，很小心用耕耘機上的裝貨器(Loader)輕輕推一推，拉一拉，說明書沒錯，角度對了，確實是一個正經八百的正五角形體，矗立在我們眼前。

從開始買木頭，到現在出現正五角形體，已經過了不知幾多天。說明書上說的二十分鐘，光是傷腦筋，就頭疼了好幾天，這是農夫經手建造，最花腦力的一個。

鄉下偏遠山腳下，處處講求實用，無人賣弄金頭腦。農夫開始搖頭了。屋頂的五片正三角形，因爲面積大，一片得割成兩片裝釘，農夫嘴裡唸著，八十九又十六分之七……十六分之九……，比課堂上做化學實驗還要認眞的度量，鼻頭上架著老花眼鏡，畫錯了線重畫，再重畫，又重畫，最後他火了，鉛筆一丟，三字經出口：「××的，這輩子還沒算過這麼精準的數字。」農場事多，常有事情不易解決，難怪小路那頭的安吉利諾開口便是三字經，聽得出來，他從早到晚在傷腦筋。

涼亭四周十個正三角形，五個正放，五個倒放，除了其中一個正放的留做出口使用，其餘都釘上格子籬芭，一片籬笆，種一棵玫瑰，是九彩的玫瑰涼亭。

## 與蛇共游

辛苦建造涼亭，爲的是朋友來農場，走到池邊，有地方擋風避雨。涼亭裡面釘了長條木板凳，平日我們坐著歇息，看山看水，風景挺不錯的。

農夫最喜歡走到涼亭外面，甩竿釣魚。他從小在家後頭臭水溝撈大肚魚，到植物園荷花池釣小鯽魚，又到美國大河大川釣大鯉魚，重回自家小池塘做老漁翁，人生的旅程已過了大半，曾經踏足的地方也不少。少年郎釣魚，志在得魚，魚多魚大愈好，滿足口腹之欲；老漁翁釣魚，純在意境，魚少魚小無也能，靜思憶想而已。

剛放下魚苗，不知魚兒在池中成長的情形，農夫常甩竿試釣，偶有巴掌大魚上鉤，但多是咪咪小魚。一次試釣，沒有魚兒肯上鉤，農夫在岸邊，走著走著，走進池塘，乾脆游著釣。從前住頭份，鄰人帶我們去竹南海濱海釣，鄰人就是這個樣子，拿著魚竿往海水裡面直直走下去，海水從他的膝頭，高過腰圍、胸口，正擔心他將要沒頂，他浮游起來了，看得我們目瞪口呆。從他身上，我們了解古老的釣法。

農夫是游泳好手，淺水魚塘中游釣，毫無問題。突然，聽見農夫哇哇大聲喊叫，原來是魚兒游進農夫寬大的褲腳管，以爲食物自動送上門，大口咬住農夫的皮肉不放。我坐在涼亭欣賞風景，夏季的遠山，不再含翠，池畔迎風的垂柳，依舊帶著綠意，碧波盪漾的池水，有農夫老漁翁在捕魚。聽見大叫，我問明原因，咯咯笑個不停。

歡樂的水花，引來了不知躲在哪裡休眠的小水蛇，淺淺棕色，纖細的蛇身，彎曲伸展，呈S形游水前進，默默游在農夫身旁，一路伴著農夫游。

白天，蛇多喜蟄居在陰暗處、石洞中。晚上，牠們才出來竊取農場的雞與蛋，農夫是農場地頭蛇。開發初期，草堆石堆中，必有蛇的蹤跡，走在路上也常遇見行走的蛇。野地上的蛇，並不大到那裡去，白蛇、青蛇、棕蛇、小花蛇，管他什麼蛇娘子、蛇仙子，農夫一一就地解決，蛇見了他，個個都怕他三分。

初嚐蛇羹，只覺味道鮮美，比雞湯高湯更有味。蛇多的時候，一次捕獲數條蛇，還可以做三蛇羹，據說，用慢火燉煮，很滋補的。

母親來農場，我們捕到蛇，蛇膽一定奉獻給她老人家。母親深信蛇膽明目，老人家用酒服下新鮮蛇膽，頓覺雙目清明，視力進步。

愛補蛇的朋友問農夫：「農場有蛇嗎？」

農夫說：「當然有啊！」

朋友問：「可以來吃蛇肉嗎？」

農夫沒好氣的回答：「早都吃完了。」

朋友大失所望，我們也莫可奈何。

農場開發後，我們足跡走過農地每一處角落，蛇無所藏身，紛紛遠走他方。地上的蛇，近乎絕跡，很久不見一條蛇影。

快樂的農夫老漁翁在池塘裡忙得很，一會兒走水浮游，一會兒甩竿釣魚，一會兒驅趕游進褲管的魚兒，一會兒拉扯鉤到柳條的魚線，手忙腳亂。小水蛇一直就在他身邊，與他共游，並未中斷農夫池中捕魚的樂趣。

幾天前，農夫才收到一套釣魚用具，是大學老朋友于重元與郭瑛玉夫婦台北寄來的。上次，他們來農場小住，釣了兩天魚，不是魚兒太小，不適合上桌，就是魚兒太大，魚線拉斷好幾回，兩天沒能嚐到一尾魚，我們心中壓力奇大，甚感抱歉。

新魚竿寄得正好，等他們再來，才能啓用。讓這魚竿負責釣到魚，我們沒有責任，不會有壓力。

勇敢的小水蛇，繼續扭動身軀，跟牢農夫游上游下，游了好一陣子，都沒看見農夫採取任何行動，我想，今晚的蛇羹，八成是泡湯了。

小水蛇，這趟就算了。別忘記，以後多帶些蛇子蛇孫回農場，好報答今日之恩。

山腳下，池塘邊，一輪皎潔的明月，悄悄爬上五角涼亭，映照平靜無波的池面，對影成雙。魚兒早已沉入池底，小水蛇也游進了草叢，農夫收竿，回屋內休息。

銀色的月光，慢慢走，走向天明。

Home Depot 房屋修繕連鎖零售商家庭站，是全美十大零售商之一。

# 14

# 不如羊齒

醫生追問農夫：「恕我好奇，牙齒這樣痛，你快樂嗎？」農夫很認眞的回答：「當然不快樂，但我喜歡自己的牙齒。大概是小時候少見牙醫，現在只好多見你了。」

農夫今年才五十幾歲，牙齒的狀況卻比老老先生的牙齒還老。小時候，農夫的爸媽不是沒給他準備牙刷牙膏，只能怪他自己經常忘記使用，偏偏又愛吃糖。當大家歡樂迎接大年初一，放鞭炮、領紅包時，也正是他牙痛得蹲在地上，簡直要人命的時刻。年初六，醫生恢復上班，他的牙痛早已麻木，玩昏頭了，要他去看牙，哪肯？

就這樣，既不懂得保養牙齒，也沒有眞正愛惜自己的牙齒，糊里糊塗走過十幾、二十歲，馬馬虎虎又度過三、四十歲，五十歲以後，他漸漸感覺咀嚼食物，幾乎每一顆牙齒都在自由活動，偶爾上下牙齒擦撞一下，痛進大腦，刺入心肺，叫他難以忍受。從小就怕看牙醫，如今一想到要去看牙，農夫心頭就開始發毛。

## 醫獸也醫人

學畜牧的農夫眼中，人就是動物，醫人醫獸，並沒有太大差別。女兒剛生下來時，我對哺乳所知不多，農夫便以他在台糖養牛場飼餵小牛的經驗指導我，「小牛一次不可以餵太多」、「小牛餵太快會噴奶」……，用在女兒身上便成了「嬰兒一次不可以餵太飽」、「嬰兒吃太快會嘔吐」，當時倒還蠻管用的。

農夫讀獸醫時的同窗徐灝，在電話中聽他說，今天這幾顆牙痛，直痛大腦；明天那幾顆齒搖，上下傾倒。徐博士立刻以獸醫的身分提出嚴重警告，要農夫立即看牙裝假牙。

報上牙醫廣告很多，老中老外都有，廣告說得好，哪個確實可靠不知道。朋友介紹農夫在城裡找了一位老中牙醫小姐，經過電話診斷，建議農夫先從洗牙開始。洗牙的經驗他怎會忘記？二十多年前在台灣，鮮少有人去洗牙。一個齒科朋友為他免費洗牙，將他的一口壞牙，洗得滿口是血不說，還痛得他從診療椅跌到地上，朋友將他一把拎回座椅，繼續洗，牙齒通通清潔了，他整個人也只剩半口氣。這回說要洗牙，用轎子抬他，他都不會去。

只見牙齒越搖越鬆動，一咬就痛，醫生又來勸說，一定得洗牙。他躊躇猶豫，左思右想，衡量輕重，終於鼓足勇氣到診所。

冷冰冰的診所，散發出濃濃的藥水味，裡面擺放著三張診療椅，顯然醫生一次可以看三位病人。農夫磨蹭著走進去，已經有位老墨斜躺在椅子上，是來拔牙的。等醫生替老墨上好痲藥，便招呼農夫入座，調整了座位的高低，還給農夫一杯漱口水。當個牙醫眞不簡單，只見女醫生使勁用鎯頭敲打老墨的牙齒，敲一會兒，放下鎯頭，立即走向農夫這邊，拿起刮刀沖洗農夫的牙齒。這邊洗一洗，那邊回去敲一敲，她同時照顧兩位病人，一點沒有慌亂的樣子。

將近中午時分，醫生從老墨牙床上夾出一枚好大的臼齒，那邊的大功告成，醫生走到農夫這邊，對他說：「你的牙齒不易清洗，先洗半邊，另外半邊，下次再來。」別說醫生累了，農夫張嘴洗牙張到僵掉，大家都需要休息。

這次洗牙，把農夫洗得更不敢見牙醫。何時再洗另外那半邊，暫且免談。

## 不如羊齒

農夫的牙齒天天痛，無時無刻不在痛。快樂農夫的臉上，早已失去了笑容，經常掛個苦瓜臉。苦瓜就苦瓜，還是得工作。農夫默默推了一車晒乾的玉米桿子走進羊區，大羊小羊圍到他身邊，啃嚼玉米桿，津津有味。農夫看著看著出了神。他看得非常仔細，發現這些羊的牙齒乾淨，每顆羊齒排列整齊，就像牙醫整治過，戴上牙套一樣。誰會帶羊看牙齒？牠們不看牙，卻長了一口漂亮的牙齒，令人嫉妒。

農夫走到池邊餵魚，想吹一曲口哨，稍解牙痛的煩憂。無奈齒間空隙太多，吹來吹去，吹不成一曲美妙的哨音。

一直陪伴在農夫身邊的阿狗走過來，坐在主人隔壁。農夫看牠微微張開嘴巴，露出上下兩排尖銳的利齒，整潔美觀。現代狗與人太接近，許多狗發生的疾病與人相似，獸醫建議不要給狗吃甜食與澱粉質，保護狗齒不長蛀牙。農夫想到自己牙痛得要人命，推己及狗，聽從獸醫的吩咐，堅持不給甜食與澱粉質。雖然人齒不甚理想，阿狗有一口健康的狗齒，農夫頗感欣慰。

## 寶貝的老牙

時間一晃兩三年過去，另外的半邊牙齒，農夫至今還沒清洗。現在，牙齒的情況更糟了。上下左右亂動得厲害，一定得去看醫生。

城裡的牙醫實在太遠，鄉下的老外牙醫卻很親切，問痛問冷，與老中女牙醫的鐵腕作風大不相同。「Mr. Wong, How are you today?」年輕醫生淺笑著露出雪白整齊的牙齒，不愧是個牙醫，牙齒保養得眞好。農夫臉孔可就繃得緊了，沒好氣回答：「No good!」牙疼不舒服，難道你不知道？嚇得醫生與護士小姐們，個個閉上嘴，氣氛跌到了谷底。

農夫張開嘴巴，任由醫生護士輪番檢查，清洗牙齒，照X光片。一般成人的牙齒，大小臼齒、犬齒、門齒，上下左右加起來，總共卅二顆牙。農夫的牙齒，東掉一顆，西掉一顆，如今只剩十幾顆，上顎多幾顆，下顎少一些。醫生按照X光片，分析他牙齒的狀況：沒有一顆牙值得保留，拔除這些壞牙，使用全副假牙，才是唯一的健康之道。

農夫並不覺得牙齒與健康有多大的關係，倒是這些還在使用中的牙齒，硬要一顆一顆從嘴裡拔出來，他總覺得不妥。

鄉下的牙醫，見過許多農夫。他看農夫陰鬱的臉又蒙上一層說不出來的不捨得，溫和的安慰農夫：「一般來說，城裡人上班注重衣著，也當心牙齒；鄉下的農夫，農忙起來，沒有時間護齒，多數不會特意去注意牙齒的保健，延誤治療的時間，壞牙比較多。」農夫內心感覺舒坦。他問醫生，可不可以慢慢拔。醫生挺隨病人的意，說一半一半拔也是可行的。他問農夫：「你想先拔前面的門牙？還是後面的臼齒？先拔上顎，再拔下顎？」醫生的意思是，牙齒全拔光了，才好安裝整副假牙。

農夫心中嘀咕，先拔門牙，一時沒了門面；先拔臼齒，根本無法咀嚼食物；先拔上顎或下顎，也都行不通，這得細細思量一番，便告訴醫生，等回家想明白了再做決定。

回到家，農夫張開嘴巴，對著鏡子，將已經沒有幾顆的牙齒左看右看，上看下看，正看倒看，越看越清楚，越看也越寶貝，用了五十幾年的牙齒，一下子通通拔光換假牙，他心裡說什麼都不願意。吃飯的時候，嚼著就牙痛，已經痛了這些年，他對這種感覺再熟悉不過，對了！他要的就是這種感覺，裝假牙吃東西喪失了這種痛感，不實在。

# 又是一口好牙

牙醫診所不停的來電，問農夫打算何時拔牙，他回說：「心理上還沒準備好。」忍受著牙疼，半年過去了。牙齒有一顆、兩顆、三顆、四顆搖得幾乎可以擺平，是該去看看牙醫了。

約好的門診時間，改了又改，農夫仍舊排斥去看牙。最後，他還是走進了牙醫診所。醫生和護士小姐們見了他的臉，沒人敢說一句話，醫生尤其深切了解他護齒的決心，特別請問他對這四顆牙齒有何指示，他毫不思索便說：「拔掉它們。」醫生說：「拔除這四顆牙齒，下顎可以先使用臨時假牙。」馬上指揮護士小姐用石膏在農夫下顎印假牙模套。

診所裡面，無人不知農夫每一顆牙齒的搖動性，護士小姐特別小心謹愼使用石膏模子。因爲小心過了度，牙印打得不夠深，得重印一次。第二次，印得又不清楚，得再印一次。這一次，護士小姐狠狠用力一印，印得夠深了，但是出了一點事情。農夫有一顆牙齒被石膏黏了下來。深深鑲在護士小姐手中的石膏模子裡，萬一牽扯到法律問題，這可不得了。年輕的護士小姐嚇得花容失色，手拿石膏模子，抖個不停。醫生放下手邊的病人，趕緊過來檢視X光片，確認正是一顆預定要拔的牙齒，立刻宣佈：「這顆牙齒免收拔牙費。」少掉一顆讓人頭會痛的牙齒，農夫的面容放輕鬆許多，聽醫生說這顆牙不收費，笑得更高興，醫生與護士小姐們，這才放寬了心。

幾天後，假牙做好，護士小姐打電話來約定時間去裝假牙。農夫居然天天期待這一天快點來到。與醫生眞牙一樣美麗的假牙安置在農夫下顎以後，他開始會說笑了。農夫開玩笑的對醫生說：「一下子長出十幾顆牙齒，眞好！」醫生也說出他悶在心底的話：「Mr. Wang，你現在似乎比較喜歡來看我。」農夫滿臉笑容，十分禮貌的告訴醫生：「醫生，現在我的生命已經完全操縱在您手中。」

下顎裝假牙，農夫咀嚼食物比從前容易多了，果菜魚肉來者不拒。他更加珍愛上顎那幾顆僅有的眞牙。不論他如何保重，上顎的牙齒繼續惡化。不久，一顆搖得厲害，另一顆痛得要命，農夫趕緊預約門診，盼望醫生早日解救他的痛苦。

好不容易見到醫生，醫生向來尊重農夫的意願，又請問他本日的指示為何？農夫不但請醫生拔除那兩顆牙，還自說自話：「以後我都是兩顆兩顆的拔，直到裝全副假牙，醫生，您看如何？」聽了農夫的如意算盤，醫生發表他的高見：「Mr. Wang，這樣一來，你的上顎很快將成為一顆牙齒一個洞，一顆牙齒一個洞，並不適宜咀嚼。這大概是你倒數第二次拔牙，下次再來，就得全部拔光，裝整副假牙了。」農夫仔細想想，醫生說得好，兩顆兩顆的拔下去，最後上顎僅剩一齒，又有什麼意義？

看醫生輕鬆的摘除這兩顆病齒，回想從前女醫師用鎯頭猛敲老墨的大牙，農夫問醫生：「拔我的牙齒一定最容易了。」醫生同意的點頭，也追問農夫：「恕我好奇，牙齒這樣痛，你快樂嗎？」農夫很認真的回答：「當然不快樂，但我喜歡我自己的牙齒。大概是小時候少見牙醫，現在只好多見你了。」年輕醫生調皮的說：「I got you——」。

回到農場，農夫輕快的吹著不成調的口哨，走進羊區，他看見羊的牙齒上生了一些牙垢，哼！並不是那樣完美的牙齒嘛。

# 感懷

# 15

# 天鵝與野鴨子

池岸邊靜默的綠樹與青草中，牠們純白的身影在綠波中映出成雙的倒影。此刻時光彷彿不再滴答，空氣都凍結住了。森林中的天鵝湖，令人陶醉。

在那遙遠的山上，人跡罕至的莊園裡面，三處天然的泉水汩汩流出來，聚成一個龐大的湖泊。山野的飛禽，群集湖上，有天鵝家庭，有加拿大雁群，還有雙雙對對的野鴨子，牠們常住不走。

夏天避暑，冬天賞雪，才有人上山。平時，偌大的莊園，屬於長工鮑伯與他的家人所擁有。他守護莊園，天天與野禽生活在一起，尤其是湖中的天鵝，圍繞在他的四周，令我們羨慕不已。

天鵝的體型似鵝，長頸纖細，彎曲的弧度比鵝頸更柔和。牠的大翅尖端呈波浪卷曲，當牠悠悠滑過湖中心，雙翼上面，波浪形羽翼上揚，增添許多優美嫻靜的氣質。

鄰近鄉下，也有人愛天鵝，那是一對黑天鵝。全身漆黑的黑天鵝，羽翅上的波紋好似年經姑娘裙邊的皺摺，層層黑色的波浪，一波又一波滾動，的確與眾不同。

白天鵝在北半球較常見，黑天鵝來自南半球的澳洲，還有黑頸白身的天鵝，來自南美，都是稀有的珍禽。要說有多麼珍貴，白天鵝約爲大白鵝的五十倍珍貴，黑天鵝比大白鵝珍貴一百倍。農場裡，野獸經常出沒，損失一隻大白鵝時常發生，對我們來說，小事一樁。但若損失一隻白天鵝，我們不只心痛，荷包更痛。萬一損失的是黑天鵝，大概只能刎頸以謝家人了。

## 森林中的天鵝湖

離小鎮不遠，一片寬廣的胡桃樹林中間，有一座典雅的鄉村別墅。大鐵門旁邊，幽靜的池塘裡，住著幾隻白天鵝。牠們一身潔白與池邊叢叢綠蘆葦相輝映，吸引了我這匆忙趕路人的眼光。我常將車停在路邊，遠遠的觀賞牠們一派悠閒，讓我急躁的心情跟隨牠們悠哉悠哉的生活而得到暫時的平靜。

春天的時候，小天鵝剛剛出生，一身淺灰，毛絨膨鬆的細羽和普通的小鴨小鵝無異，沒人能

夠看出牠們的未來。有時，甚至令人覺得比不上小小黃毛鴨，來得討人喜歡。在這個盲目崇拜外在美的現實社會裡，難怪安徒生的「醜小鴨」反遭鴨子們嫌棄呢！

醜小鴨緊跟著牠們美麗的媽媽，草地上、池塘裡，跟到東、跟到西，媽媽照顧牠們、保護牠們，小心戒備，個個都是媽媽心中的無價寶貝。時間匆匆一年，醜小鴨果眞一隻一隻都變成白天鵝，就像牠們的雙親，尊嚴又高貴。

有兩三隻白天鵝浮出蘆葦叢面對我，朝著池塘中央緩慢移動。牠們輕巧的踩水前進，水波不起，清亮的池面，一如明鏡。池岸池面，靜默的綠樹與青草中，牠們高高昂起柔細的鵝頸，純白的身影像雕塑般，在綠波中映出成雙的倒影。這時刻，時光彷彿不再滴答，空氣都凍結住了。森林中的天鵝湖，令人陶醉。

## 母鴨帶小鴨

農地上，各種鳥雀都喜歡飛到池邊，捕魚的、捉蟲的、飲水的、戲水的、沐浴的，水上活動晝夜不斷地忙碌進行。白鷺、蒼鷺、大雁、千鳥、黑鳥、野鴨子飛來飛去，留也留不住。

雁群一行一行整齊排列成人字或一字向南飛行的時候，落葉紛飛，天冷了。陰沈的天空下，飛來一對野鴨夫婦，綠頭公鴨與棕色斑駁的母鴨，劈噼！啪啦！水花四濺的掉進了池塘，牠們降落的姿勢實在不美妙。野鴨夫婦鑽進池邊的黃草堆，消失了身影。

冷風颯颯的寒冬裡，池邊清幽，鳥雀絕跡。

我們巡視農地，走近池邊。夕陽下，水波粼粼，閃閃耀目。原來空無一物的池面，好像有個物體正在隨波漂浮，看不清楚。

農夫說：「像是一隻野鴨。」

我說：「不可能啦！」夏日野鴨成雙成對的飛來池邊嬉戲，現在已經冬天，進入求偶季節，牠的另一半到哪裡去了？

越近池邊，看得越分明，池中不是只有一隻野鴨，而是兩隻野鴨。農夫最先看到的是棕色母鴨，在牠身邊還跟著一隻金黃色的小不點兒，緊貼著母鴨，亦步亦趨。多可愛的小鴨子。

母鴨帶小鴨，就住在池邊草叢中，依靠池水生活。牠們每天在池岸的草地走走，又到池水中游游。人來了，牠們游到池對岸；人走了，牠們游回池中間，永遠與人保持適當的距離。

傍晚，農夫到池邊餵魚，魚沒吃完的，牠們游過去，在月光下，鴨媽媽領著小鴨，一粒粒撿拾水面殘留的魚飼料。次日清晨，水面清潔溜溜，一粒不存。

吃這些魚飼料，小小黃毛鴨很快長大了。牠和媽媽長得一模一樣，兩隻棕色斑駁的野鴨，雙雙在池中游。

農夫抓一把魚飼料餵牠們，野性的本能，牠們並不習慣農夫餵飼的食物，魚飼料騙取不了牠們的心。當池邊吹起的和風，帶來了暖意，母鴨與小鴨，飛離池塘，飛回北地的故鄉。我們無法將牠們留下。

## 野鴨爭食戰

又是冬天，我們開始想念去年曾經來到池邊的母鴨。牠會再來嗎？這裡的環境合牠意嗎？

酷寒過去了，輕柔的春風拂面，池邊仍舊沒有一點動靜。正歎惜著，好好一池春，誰來戲水？阿狗汪汪叫，荒草堆中趕出一群野鴨子，是一隻母鴨帶七隻小鴨，匆忙跳進池裡，逃命似的游到池中央。母鴨一面游，一面呱呱叫，安頓了小鴨，牠又展翅，勇敢游向阿狗，準備與阿狗一決生死，抗議阿狗驚嚇到牠的家庭生活。阿狗傻了。

荒草堆中，無聲無息的孵出七隻小鴨，可不容易。母鴨的本事大，忍受了多少的驚恐與飢餓，不為人知，這是母愛的天性。

上次的母鴨，只帶一隻小鴨，小鴨子天天跟在母鴨的身邊，圍著母鴨轉。這隻母鴨帶著七隻小鴨，小鴨子愛到東就到東，愛到西就到西，都在母鴨附近，母鴨隨時呱呱一叫，召集艦隊列隊，就開始操練。母鴨是旗艦，旗艦的頭朝右，艦隊向右航行，旗艦的頭朝左，艦隊向左航行，人走近了，旗艦游向岸邊，艦隊快快上岸，躲進草叢，平靜的水面，絲毫不著艦隊演練的痕跡。

鴨子都喜食魚飼料，這七隻小鴨，天天和池魚搶飼料，毫不客氣。農夫一把魚飼料撒在水面上，剛轉過身，魚還沒浮到水面吃飼料，小鴨子已經衝上來，一陣亂搶，飼料搶光，池魚沒得份兒，農夫只好餵魚時手拿竹竿，在岸邊嚴密監視。這種戰術非常成功，好一陣子，小鴨子只能吃到一些剩下的魚飼料。

母鴨使出新招，牠獨自躺臥對岸，半睜眼，半閉眼休息，小鴨子不知躲在何處。農夫看不到鴨群，手中的竹竿也省得拿了，等到他輕鬆把飼料撒出手，母鴨便呱呱叫起來，埋伏草叢的小鴨子立刻從四面八方衝鋒陷陣，進攻飼料，農夫措手不及，竹竿丟到哪裡都找不到，又吼又叫也嚇不走小鴨子，一陣混亂，飼料已全部進入鴨嘴。

這回合，野鴨得勝！

## 飛越夕陽下

七隻小鴨子，吃了搶來的魚飼料，就像汽球吹了氣，越長越大，羽毛豐滿，該是學飛的時候了。

母鴨一面在池塘上方示範飛行，一面呱呱大叫，講解飛行的技術。小鴨子開始低低的從二號池塘飛向一號池塘，也許是體力尚差，或者是注意力不集中，再飛回二號池塘時，有的小鴨子不慎撞到圍籬，跌落地面。好在兩個池塘的距離不遠，新手飛行速度也不快，飛行與走路回去的時間相差不會太久。

母鴨帶領小鴨，天天勤練飛行，距離越飛越遠，時間越飛越長，小鴨子的體力增強，適當的時機即將來臨。

清晨，母鴨總是率先飛離池塘，七隻小鴨接著也三三兩兩的飛向四方；金色的斜陽紅透半邊天，母鴨呱呱叫著回來，牠在池塘上空飛行一圈又一圈，等小鴨子一隻一隻的降落池塘，大家團聚在一起。

日漸暖，分手就在眼前。每天傍晚，夕陽斜照，我們站在農地的另一端，等待牠們飛回來。見牠們陸續降落在池塘，心中數著一、二、三、四……，直到八隻鴨子平安歸來。

一個彩霞亮麗的午後，母鴨早早回到池塘，小鴨子也緊跟著飛回來，降落池塘後，大夥跟隨母鴨，前後左右，做最後的操練。夕陽西下時，母鴨呱呱叫，再度展翅，繞池塘上方飛行數圈，遙向天邊飛去。小鴨子隨後紛紛起飛，各自飛奔前程。

夜幕低低垂下，再會了！野鴨子。

## 16

# 與鷺鬥智

一兩隻白鷺走在池塘爛泥中，慢悠悠的覓食，攪亂一塘水，變成了泥巴漿，牠們依舊全身雪白潔淨，足可與蓮花相比，出汙泥而不染，是鳥中的君子。

從山腳下進城去的鄉間小徑，會通過一段筆直的路，兩邊都是農田，人們在旱季種玉米、蕃茄、生菜等各種農作物，土壤非常肥沃。有許多農人在田裡忙，附近卻只見三兩棟農舍，不成比例。

原來這一大片接連的農地，正好位在河床邊，冬天雨季來臨，河川暴漲，加上太平洋的海水倒灌，農地一片汪洋，濕爛泥濘的地上，行走不易，更別說住家了。搬來小鎮，常常開車走這段路，在較低窪處，積水歷久不退的野草地上，時而瞥見幾點白色的影像。

我不敢相信自己的眼睛，會是白鷺嗎？來自家鄉的白鷺。

## 鳥中君子

我們的農地上本無池塘，亦無水鳥。自從農夫闢建一、二號池塘，養了些魚蝦，引得白鷺、蒼鷺，大小水鳥，多愛來此一遊。

居住台灣的時候，鄉村稻田裡，常見白鷺的蹤影。一隻隻白鷺，走著、站著，低頭在水田中，尋尋覓覓，吃小魚、小蟲、田螺，與水牛做好朋友。牠靜靜的站立牛背上，給人深刻的印象，農村多詳和。小路邊、野草地，時有牛群放牧，白鷺與牧牛，也做了朋友，這裡是和平地。

白鷺選擇僻遠的地方，築巢在水邊的大樹上。牠們一大家子住一起，注重家庭生活，大大小小成員，餵食的餵食，起飛的起飛，降落的降落，相愛的相愛，打架的打架，大樹頂上另有世界。

白鷺一身潔白的羽毛，黃眼圈，黑色的尖嘴，細細長長，黑色的腿，也細細長長，頗適合在水中行走覓食。頭頂平滑，左右腦後各有一根卷曲的長白羽毛飄逸。

白鷺是益鳥，受到保護。白鷺與綠樹，被人認爲是美景。動物學者、愛鳥人士，藝術家，一齊趕來觀賞白鷺生活，大家爭著看白鷺。

農地池塘邊，有時飛來一兩隻白鷺，看牠們美麗純潔的白羽，走在池塘爛泥中，慢悠悠的覓食，攪亂一塘水，變成了泥巴漿，牠們依舊全身雪白潔淨，足可與蓮花相比，出汙泥而不染，是鳥中的君子。

# 遙遠的神話

早期我們還沒有魚塘，認識一位養魚的漁友。他有幾個養大魚的魚塘，另有幾個養小魚的魚塘，等魚苗在小魚塘長大成形，放進大魚塘養到市場需要的大小。魚長大了，魚販就會來收購。

養魚很辛苦，夏天熱，水中捕魚不覺苦，冬天客人來買魚，他就得穿上潛水衣，在寒風霜凍中，走進魚塘，一網一網的捕魚。魚塘很淺，穿潛水衣並不潛水，只爲保持體溫，否則凍壞了身體，如何捕魚？

我們去拜訪漁友，他總是在忙，晒魚塘，捕魚網，修魚池。有一次他正好外出採購回來，兩眼恨恨的盯著不遠處，一棵高聳入天際的棕櫚樹說：「你們看見那隻鳥了沒？專吃我的魚。」我們朝他手指處看過去，棕櫚樹梢，確實有一個巨大的黑色鳥影，看不清楚是什麼鳥，就算看清楚了，也認不出來，因爲我們根本不懂鳥。看那鳥的嘴型奇大無比，吃起魚來，數量一定驚人，難怪漁友生氣。

漁友繼續說：「我一出門，牠就飛下來吃魚，我回來了，牠剛剛才飛上樹去，等我出門，牠再來。」天下哪有這般聰明的鳥，會等人出門，會認車子，知道人外出與回家。當時我們還未養魚，因爲事不關己，感覺很遙遠。聽了漁友這番話，只當作是天方夜譚，一千零一夜中的故事，或者是希臘神話吧。

## 蒼鷺大戰

開始養魚後，初見蒼鷺翩翩揮動羽翅，神采瀟灑的降臨草地上，我們還當是從仙境飛來一隻仙鶴，神奇的不得了。

牠輕移緩步，走到池塘邊，動也不動一下。農夫與我，趕緊停止工作，屏氣凝神，只怕呼吸太大聲，或動作稍嫌粗魯，驚動了仙鶴。

仙境飛來的鳥，到底不同凡響，牠的耐性眞大，站立池塘邊，久久未動，我們不想再等下去，既然不願攪擾牠，只好早早收工，回屋內休息。從窗口看出來，牠優雅的灰色背影，依舊一動也不動。

我在農地上做活兒，不時抬起頭來，向天邊遠眺，尋找牠的蹤影。看牠的黑影逐漸清晰的飛臨上空，有時降落池邊，我愛牠的丰姿；有時牠繞池塘上方飛行數圈，又飛離遠去，叫我空歡喜一場。

等到農夫發現池邊出現死魚，身上被戳了個大洞，是鳥嘴的傑作，才猛然想到在漁友處見過的大鳥，正是牠，我們還將牠當仙鶴一般供賞，太後知後覺了吧！

蒼鷺的英文是Blue Heron，明明一身灰色羽毛，卻取名blue，據說在太陽反射下，確實是藍色，但我怎麼看都是灰色的鳥，很難把名字和牠連想在一塊兒。

熟悉了農地，蒼鷺常常飛臨池塘。有時來一隻，有時來兩隻，有時三隻一起來，原來這附近還住了不少的蒼鷺。其中一隻獨身的蒼鷺最常來，牠總是先繞二號池塘的池邊慢走一圈，又飛到一號池邊慢走，再飛回二號池塘。一定吃了我們不少魚，管牠美還是醜，我們打從心底開始厭惡牠。

這隻獨身的蒼鷺先飛來二號池塘。不久，另一對蒼鷺也降落在二號池塘邊綠草地上，牠們在池塘兩頭活動，雙方互不干擾。突然，晴空中，三隻蒼鷺的翅膀大大的展開，搧動著。平靜的池面上，牠們互相繞來繞去，忽高忽低飛行，口中還發出低沉而混濁不清的咕嚕聲，難聽極了。牠們連續不斷的用大嘴咬啄對方，點到為止，好像劍客比賽擊劍，被點到多處的一方，就知難而退了。

擊劍比賽並未持久，很快結束了，三隻蒼鷺的羽翅都完整無缺，大家表現了高貴的風度。一對蒼鷺，雙雙飛離池塘，獨身蒼鷺，贏得池塘獨占權。

獨身的蒼鷺，每天早也來，晚也來。牠先停在不遠處，一株高大的胡椒樹（Pepper Tree）上，我們進屋去休息，牠就飛下來捕魚。我們開車出去，一邊繞著農場外圍的小路走，一邊看牠翩翩降臨池塘來吃魚，直到我們開車回家，牠才依依不捨的飛離池塘，回到大胡椒樹頂上，等待我們進屋休息或再度出門。

從漁友處聽來像神話的故事，其實一點都不假，眞有這麼回事。

我們看牠的眼神，同漁友一樣，含怒。

# 嚇鷺

蒼鷺常駐池塘，牠在一二號池塘兩邊來回走動巡視，從此不見其他蒼鷺的蹤跡，也不見白鷺的蹤跡。偶然飛下來一隻白鷺，蒼鷺追著白鷺不肯罷休，白鷺無法落足，不得不再度振翅起飛。接著飛來一隻更小的白鷺，大白鷺與小白鷺相遇在池邊，也會互相追逐拍打一番，是不同種類的白鷺爭地盤。但蒼鷺體型大，身材纖瘦的大小白鷺都不敵，唯一的對策是逃走他方。

西風吹來滿池的落葉，秋涼了。幾年前我們放養池中的小龍蝦(crayfish)也在秋天長成。白天，小龍蝦躲在水中游動，夜晚，牠們喜歡爬上陸地透氣，頭上舉著兩隻大螯，橫行直闖。第二天早晨，池邊總會留下許多小龍蝦殼。

小龍蝦是我們打算秋收後，犒賞自己的美味，想不到也是大小白鷺所愛。牠們不怕蒼鷺追逐，拚了一死，趁蒼鷺不在池邊的夜晚，邁開腳步池中走，暢懷大吃，一口一個小龍蝦，吃得過癮。

什麼鳥中君子，偷吃人家好東西就非君子。農夫氣從胸中來，毫不遲疑，走去車庫取槍。這槍非常不準，瞄準了頭，打中腿，瞄準身體，打到屁股，沒啥個大用，嚇走小白鷺也好。

早知道白鷺受人保護，千萬不可做出衝動的事來，我們是賠不起的。

農夫手舉獵槍，哪敢瞄準小白鷺，嚇嚇牠而已。平時，獵槍並不管用，這會兒，一槍還嚇到小白鷺，牠躲進池邊茂密的野草堆中，失去了蹤影。我們走遍附近鄰接的草地，都沒有尋找到牠。

農夫急忙連聲喚來阿狗，阿狗用鼻尖嗅一嗅，一個衝刺，迅速有如警探遇歹徒，立即擒獲小白鷺。剩下來的一切，統統交給阿狗處理，我們沒事了。

農場裡，每天的雞鵝羊魚、花果菜草，已夠我們忙的，加上這不請自來的蒼鷺白鷺，無分晝夜到池邊，變成我們在餵養，於是連忙驅趕牠們。

不想養鷺，偏又養鷺。

池邊新建五角涼亭，高高的尖頂，是白鷺蒼鷺理想的立足點。池中有動靜，站立頂尖，看得一清二楚。滿眼魚蝦，隨時採時取行動，進食更便捷。

壓迫著我們胸口的一股悶氣，何時方能消除？

# 17

# 斑鳩懷想曲

微風中、艷陽下、細雨裡，那斑鳩沐浴著晨光與夕照，棲息在高高的電線上，凝思懷想。電線隨斑鳩搖擺不定而上下震顫，無聲的音符跳動著。

說起這片農地，算大不大，算小不小，農夫和我兩個人，總有些地方不常走過去，鳥獸的足跡，經常來報到。

其實，鄉野地方，只有我倆自以爲是多高尚的人類，鳥獸眼裡，我們大約不過是個喜歡干擾牠們生活的某種動物而已。本來動物與動物之間，都是平等的，誰也不必怕誰，小螞蟻可以咬大象，只要螞蟻咬得動大象肉。

當農夫在二號池塘邊，大動工程，興建涼亭，蒼鷺無法安心到池塘捕魚，牠特地飛過來，降落在剛剛完成的五角木架，低頭視察了一番，了解我們究竟在搞些什麼。嶄新的橫樑上，留下許多骯髒的大腳印。

鵪鶉家族向來以鳥多勢眾取勝，一家老小，天天跨越小溪谷，快步穿過農地東北角，前往山腳下不知何處覓食。傍晚，牠們又從山腳下某處，快步穿越農地東北角，跨過小溪谷，回到矮樹叢中休息。

阿狗伺機突襲牠們，負責警衛的雄鵪鶉，只要感覺情況有些不妙，領先起飛，大夥兒立刻四散低飛，一眨眼，地上沒一隻鵪鶉的影兒。一次又一次，阿狗垂頭喪氣，毫無斬獲。

## 斑鳩成群

東邊玫瑰區，春天、夏天，玫瑰花盛開。當初的設計，透過客廳和廚房窗玻璃，屋內就有適當的距離欣賞各色玫瑰。玫瑰花開花謝，剪花修枝，我們得去玫瑰區工作，人一走動，驚起成群的斑鳩，翅膀有力的搧動，發出一陣特殊的沙沙聲，向遠處飛去。

斑鳩，人稱野鴿子，模樣像鴿子，性喜野地生活，牠骨架小，就是小型鴿。鴿子不怕人，都市的廣場，聚集上百成千的鴿群，追著人討食。城裡人多，斑鳩不習慣與人接近，郊野地方，容易見到牠們的蹤影。

從前我們住郊區，清晨或午後，總有斑鳩來訪，三五成群，多在草地上活動。兒子結婚後，也住附近，他家後院一棵巨大的梣木（Ash Tree）上，偶然間聽著熟悉的沙沙聲，地上拾起來幾根掉落的羽毛，我知道，樹上有斑鳩。抬頭，看見滿滿一樹斑鳩，分散在高處的枝幹上。剛剛停下腳步，想要仔細清點鳥數，牠們便揮動翅膀，沙沙沙的，全飛光了。

# 護蛋

斑鳩是小型的鴿子，雖然野生，個性溫馴善良，與鴿子一樣，皆可餵飼。蛋內孵出小斑鳩或小乳鴿，經過人手餵養，長大後，習慣與人接觸，可以放出籠外，讓牠在屋內自由自在的飛翔與走動。牠飛到人手中取食，停在人的頭上、肩上、臂膀上，像寵物一樣，和人親近，十分惹人憐愛。

那年，我們剛成家，兩人的世界，愛巢空空如也，無子亦無女，農夫便去找來兩隻鴿子。不用說，當然是一公一母，在農夫學畜牧的血液裡，什麼動物都要讓牠們繁殖後代。農夫用稻草爲牠們搭建舒適的愛巢，開始等待小寶貝降臨。

公鴿子經常鼓起牠雄偉的胸肌，咕咕、咕咕的唱歌，又圍繞著母鴿子跳舞，牠們的小寶貝很快誕生。

不久，母鴿在巢中生下一枚小白蛋，有一截小手姆指頭那樣大小的小白蛋，我們沒事就盯著它看，像是在看一件稀世珍寶那般。

母鴿一次會生兩枚蛋，先生一枚，過幾天再生一枚。母鴿負責抱蛋，公母鴿共同撫育初生的小乳鴿。這枚小白蛋，農夫看得比我還仔細，農夫看了又看，實在不放心母鴿一直坐在蛋上不走開。他是眞怕母鴿不小心，將小白蛋壓碎，或是一腳踩破了它。

於是農夫將母鴿移動一下，從母鴿腹下取走第一枚蛋。他的想法，自有道理，他說：「等母鴿產下第二枚蛋，才將第一枚蛋歸還母鴿，放回巢中。」讓母鴿從此好好專心的抱這兩枚蛋。

爲了護蛋，農夫考慮許多。當農夫小心謹愼將小白蛋捧在手掌中，慢慢移到預定存放小白蛋的安全地點，啪！蛋掉地上，砸碎了。

這一季，我們僅得一隻小乳鴿。

小乳鴿出生就像小白蛋一般大，天天肚子餓得不得了，嘴巴張得比頭還大，吱吱叫著，將頭伸進老鴿嘴裡，探取已初步消化的食物。

乳鴿無時無刻不在叫飢餓，老鴿無時無刻不在餵食，不停的進食與餵哺，忙壞了老鴿，這是我所見過，最最辛苦的一對父母鳥。

老鴿的辛勞，換來乳鴿快速成長，飛離窩巢，另立新巢，獨立過生活。公鴿又開始不時的對母鴿咕咕、咕咕唱情歌，大跳舞，另一個期待開始了。

## 愛侶

鄉下農地上常見到的斑鳩，叫聲咕咕——咕咕——，一聲長似一聲，聽來哀怨悽涼。多數時候，牠們過團體生活，像個大家庭；有時，個別活動，一雙雙，一對對。

斑鳩結偶後，便是終身的伴侶，牠們築巢在隱蔽的樹林深處，不讓人發現。

夏日午後，東區葡萄架下，常有對對斑鳩飛來歇息。灰灰的頭頸與身軀，羽翅

中夾雜點點深黑，一對鮮紅的腿兒像竹棍，是飛行多過走路的鳥。

牠們在葡萄樹蔭下走動，幽暗的泥地上，不注意點，分辨不出牠們的身影。仔細瞧，才知牠們是多麼相親相愛。

稀疏的陽光，灑向牠們緊緊依偎的情人座，你啃啃我身上的癢，我啄啄你背上的蟲，整理自己的羽毛，再彼此互相整理，深情的對望著。有時我得去附近工作，悄悄地在遠方走，不願打擾牠們，只聽見一陣沙沙聲響，牠們已經被我打擾了。

公鴿猛烈追求母鴿，大聲咕咕的唱歌，熱情的踏著舞步，只為吸引母鴿來愛牠。這一幕誰都見過，不算新聞。但當公斑鳩與母斑鳩，他們靜靜地愛著對方，四目相對，嘴啄嘴，含情脈脈，教人看了也會臉紅心跳。

雨後初晴的晨光中，草地濕濕的，也有對對斑鳩，一前一後漫步草地上，啄食草上的種籽，或撿拾地上掉落的草籽，亦步亦趨，情意濃。

阿狗總是愛搗蛋，看見地上走的斑鳩，大步衝過去，衝散了正在進食的情侶，嚇得牠們各自分飛，飛向不同的樹枝，一動不動，暫時停止早餐。阿狗還在草地上等牠們飛下來，繼續進餐。見阿狗不走，牠們只得沙沙搧動翅膀，雙雙飛去別處。

# 此情綿綿

地上常見對對斑鳩走過來，又有群群斑鳩飛過去，阿狗看得心癢癢，牠追逐斑鳩不氣餒，弄得斑鳩滿天飛。

斑鳩在野地生活久了，牠們了解危險無所不在，處處戒慎小心，不論情況是否特殊，只要其他動物的走動略微停頓，牠們立刻起飛，總是先溜爲妙。

阿狗是農場的獵者，每次捕捉最多的是小黑鳥。可能是小黑鳥肉質不佳，連老鷹都對牠們不感興趣，更何況農場的阿狗。獵到小黑鳥，阿狗從不拿牠們當食物，多個紀念品而已。

斑鳩明亮的黑眼珠，上下左右滴溜溜轉動。牠們警覺性高，只是運氣不好時，還是會栽跟斗。一次阿狗捕捉許多小黑鳥之後，又追又跑，終於讓牠捕到一隻斑鳩，算牠的狗運好。阿狗嘴裡銜著獵物，神氣十足的走到樹蔭底下好好享受。牠連毛帶皮，連頭帶腳，不到三分鐘，全部下肚，再將嘴巴四周舔舔，美味！

一對斑鳩佳偶，從此分隔兩界。逝者已矣，留下落單的一隻斑鳩，朝朝暮暮，流連舊日遊地，牠在編織一首沒有樂章的懷想曲。分手時刻，牠匆匆飛向附近高處的電線上，俯視葡萄架下，剛才牠們還相偎相伴的老地方。依稀記得，另一半起飛稍遲，才遭遇了不幸。

斑鳩是終身伴侶，也認眞繁殖。多少被迫分離的伴侶，爲了後代的子子孫孫，而覓得另一半，繼續神聖的使命，完成斑鳩的任務。

生活在熱鬧的斑鳩大家庭，四周都是恩愛的情侶，惟有牠，孑然一身，在團體中，單獨行走，單獨飛翔。玫瑰區、葡萄架下、草地上，牠自在的遊走對對愛侶之間，默默的，單獨在一邊，無所追求。

清晨的露珠兒沾濕了綠草地，牠獨自飛到從前常來的柳樹下，漫步草地上，走走停停，抬起頭來看一看，又低下頭去吃東西。一切的一切，並未改變，失去了伴，處處顯得寂靜無意。

斜陽映照的鄉村小路，偶爾出現一隻斑鳩，拉長了的身影，孤零零，走在泥土路上。從前，牠們曾經來散步。車子經過，沙沙沙沙，牠飛進樹叢林了。

多少年，在微風中、艷陽下、細雨裡，常見那斑鳩，沐浴著晨光與夕照，棲息在高高的電線上，凝思懷想。電線隨斑鳩搖擺不定而上下震顫，無聲的音符遂跳動著。

此情綿綿，已成追憶，直到永遠，永遠……。

# 18

# 土中鳥

千鳥三五成群，我一走過，牠們便邁開腳步，快速四散而去。起飛的時候，空中響起一串串嘀——嘀——嘀嘀嘀，嘹亮的鈴聲。

農田上做工，到處有小黑鳥相伴，並非那麼寂寞。

餵雞餵鵝，小黑鳥早在一邊等著，擺好飼料桶，牠們衝鋒下來跟雞鵝搶食。搶過了頭，雞鵝還會緊追著，啄走牠們，不願意分享。

翻田犁地，小黑鳥走進翻好的泥土找蟲子。

豆田採豆，小黑鳥爸爸立刻急急站上高枝，不斷的啾——啾——，長鳴示警，小黑鳥媽媽們集合其他小黑鳥，一起在人的頭頂上空穿梭飛行，示威抗議，深怕牠們窩巢內剛孵出來的小小黑鳥被人驚擾。小黑鳥偏愛在高只及腰的豆梗編結做巢，平日我們甚少去豆田，豆子自會在豆梗上慢慢長大成熟，一大片的豆田像荒地，一個個小黑鳥窩就築在豆梗上端，進出方便得很。

人一出現，只聽啾——啾——聲此起彼落，是小黑鳥發出的嚴重警告。有時，中間參雜嘀——嘀——嘀嘀嘀的震顫聲，尖銳貫耳。

暗夜裡，大地沉睡了，偶然會有一連串嘀——嘀——嘀嘀嘀，由遠而近，由近而遠的傳過來，劃破寂靜，很快又靜止無聲，回復黑色的寧靜。

既非嘀嘀、嘀嘀，又非嘀嘀嘀、嘀嘀嘀，還嘀——嘀——嘀嘀嘀，嘀——嘀——

—嘀嘀嘀，愈走愈快，愈走愈高的長串顫音，音色圓潤，高音高到歌劇女伶都沒得比。

天上、地上，我們只聞其聲，不知聲從哪裡來。

## 飛毛腿

剛剛下過一場雨，農夫駕駛耕耘機在果園區翻土除草。陽光灑落農地上，耕耘機走過，揚起了滾滾黃塵，一粒粒小沙粒，在陽光中，數得出來。

耕耘機往前直駛，青綠茂密的野草，立刻被耕耘機吞噬，留下清潔溜溜的黃土一片，鳥雀在耕耘機後頭跳著，爭搶剛出土的蟲子。

耕耘機前頭，時斷時續，遠近傳來嘀——嘀——嘀嘀嘀的鳴聲，牠就在附近了。

黑壓壓的鳥群，降落又起飛，不怕人的，走到人身邊；怕人的，離人遠遠的。地上有太多農事要做，誰有時間管鳥事，鳥來鳥去，我們從不過問。只是這嘀——

嘀——嘀嘀嘀在哪裡？

耕耘機不能太接近果樹，怕會損傷它的枝葉，果樹四周的野草，得用殺草劑，我們選擇人手拔除它。犁完地，人還得趴在樹下拔草，就當運動健身也滿不錯的。只是在一百多棵果樹下面，不斷蹲下去、站起來，運動量還眞夠瞧的。

我一面拔草，一面想，總共有六行果樹，每行二十五棵，要從第一行的第一棵拔起，還有一百四十九棵要拔，第二棵拔好，還有……，當我拔到第三行，失去了數目，腦中一片空白，只管埋頭專心拔草。機械化的手腳，蹲下去拔拔拔，拔完站起來，走向下一棵，馬上又蹲下去拔拔拔。我感覺身邊一直有個什麼小東西飛快的溜過。當我停下工，耐心的等待，想認眞看個究竟，小東西卻不再出現，似乎只有我一路往前走，不停的工作，這小小飛毛腿才會閃過，快得叫人看不清楚。

我努力拔草，眼睛也隨時在捕捉那飛快的身影，一次又一次，牠從我身邊經過，終於，我盯上小小飛毛腿，見到了牠。

牠全身灰黑，胸腹泥土淺乳白的羽毛，保護牠在泥地與野草中急速行走，不易被察覺。當牠躲進黃土堆的凹洞時，簡直跟土塊一樣的不顯眼，沒人注意牠。

牠泥土色的胸前兩道黑寬條，愈顯深黑，兩眼之間，劃過一抹黑痕，這是千鳥（Plover）。雖然牠灰土土的，並不起眼，但是千鳥這名字好像千里達，千島群島，引人遐思，令我想到千山萬水，飄流的異鄉。

曾在池邊見過千鳥的蹤跡，牠們飛來喝水，那時只當作是水鳥過客，南來北往，不會想去了解牠們。

認識了千鳥，我的眼前突然滿是千鳥。白天，看牠們多生活在農地上，隨處可見到千鳥飛毛腿，玫瑰田、果樹區、鵝區、菜圃，牠們吃蟲子，有草、有水、有蟲的地方，都有牠們。千鳥三五成群的，我一走過，牠們便邁開腳步，快速四散而去。起飛的時候，空中響起一串一串，嘀——嘀—嘀嘀嘀，嘹亮的鈴聲。

夜晚，牠們歇息在地面凹進去的天然泥洞中。這洞是土塊堆起的窟窿，並不深邃，只能藏身，無法保命，當臭鼬（Skunk），白鼻心（Opossum）等出巡，貼近地面走過來，驚動土洞中的千鳥，在黑暗的星空下，滿天嘀——嘀——嘀嘀嘀，震動人心，喚醒了屋內的夢中人，擔憂農地今夜不太平。

# 蛋殼之謎

農地上面，維持整潔本來不容易。

我經常在地上撿拾路人丟進圍籬的空啤酒罐、可樂罐、保特瓶。有時，天空降落漏氣的彩色氣球「I Love You」、「Happy Birthday」什麼的，五顏六色。西鄰老墨家的垃圾桶就在風口上，一陣強勁的西風吹過，吹翻了桶蓋，他家的購物袋、包裝紙、零食包，輕飄飄的，全變成我家垃圾，增加我不少麻煩。他家小朋友丟過來的小皮球，有些我會拿去還，有些則留下給阿狗玩了。當他家土雞群飛過圍籬來吃蟲子、生蛋，如果我還雙手拿去他家奉還，我一定會生氣的打自己的手。

走過農地，我的眼睛是野狗的鼻子，逐步搜尋，仔細偵察。地面雜物雖多，就像流水，總有源頭，垃圾的來處，大概可以猜測。我看見地上小小的碎蛋殼，這兒幾個，那兒幾個，零零散散，卻不知道它們來自何處。這麼小的蛋，野獸一把抓起來，幾個幾個的吃著，不會吐殼的，雞蛋、鴨蛋、鵝蛋大，吃不了蛋殼，才被留在原地。

我想到模倣鳥專門霸佔鳥窩，又狠心將窩內原有的蛋推出去，砸碎它們。這附近沒有大樹，沒有鳥窩，看樣子，不是模倣鳥做的壞事。

芝麻綠豆般大的鳥蛋，不足勞煩掛心。

今春，我在玫瑰田中工作，四五隻小千鳥寶寶，踩著小碎步，在我腳邊滾滾走過。牠們身體的顏色淡灰，更接近泥土保護色，胸前二道黑寬條與兩眼之間的一抹黑痕，與大千鳥無異。我舉動雙手忙除蟲，在一旁看護的千鳥媽媽，嘀——嘀——嘀——嘀——嘀嘀嘀嘀，連聲提醒千鳥寶寶，快快衝回媽媽身邊。

千鳥媽媽身體與鴿子差不多大小，鴿子的體型圓肥，千鳥細瘦。小千鳥比小蜂鳥大不了多少，剛從土洞中孵化出來，翅膀的羽毛未豐，不能飛行，兩隻小小腿兒，倒很會走路。速度之快，像子彈、像火箭、像流星、像輕煙，稍縱即逝。

# 千鳥驚魂記

濃霧逐漸退散，陽光金色耀眼，照進果園區。千鳥媽媽帶領一群小千鳥在地上吃草吃蟲，千鳥媽媽走最前端，四五隻小千鳥以跑百米的速度全力衝刺，追隨媽媽。媽媽停住腳，大家一下就四面輻射散開來，各自覓食，媽媽嘀——嘀——嘀嘀嘀叫著，小千鳥迅速聚攏了，守在媽媽身旁，媽媽保護牠們。媽媽又舉步快走向前去，小千鳥們急忙衝鋒陷陣，踩緊腳步，跟牢媽媽。

年幼的小千鳥，翅膀上面沒有幾根大羽，根本不能起飛，只會快步走，很容易受攻擊。大一點的動物侵襲，一口吞下肚去。我替牠們擔心。

阿狗跟隨農夫經過果園區，到羊區趕羊。

千鳥媽媽老遠看見農夫與阿狗向牠們走來，立刻嘀——嘀——嘀——嘀——嘀嘀嘀嘀叫著飛向天空，引開阿狗的注意力。阿狗仰頭朝天，四面張望，並沒有注意地上的情況。

這時地上的小千鳥，個個靜止不動，縮了腿，蹲在原地。不仔細瞧，還真的錯把牠們胸前、面上的黑條當枯枝，灰黑的背當陰影，土色的胸膛當土塊，小小身軀呆僵，看不出來地上有小鳥。

阿狗走得越靠近小千鳥，千鳥媽媽在頭頂上空，越發嘀——嘀——嘀——嘀——嘀嘀嘀的叫得快，叫聲比平時更高八度。阿狗知道有狀況，傻傻的東走走，西走走，就是找不著小千鳥藏身所在。阿狗一腳正好踩在小千鳥身上，千鳥媽媽情急緊張，嘀——嘀——嘀——嘀——嘀嘀嘀嘀，一聲比一聲高音，幾乎刺破了耳膜。小千鳥一直乖乖的，安靜蹲地上，動也不動一下，任由阿狗踩踏而過，一遍又一遍。

阿狗不肯放棄，在地上走來走去的找個不停。天空中盤旋的千鳥媽媽，嘀——嘀——嘀嘀嘀，嘀嘀嘀嘀，嘀嘀嘀嘀，顫音連連，叫聲大亂，高入雲裡。萬一牠失去了聲音，乖乖蹲在地上的小千鳥聽不見媽媽的訊息，怎麼辦？我不敢再想下去。

阿狗遍尋不著小千鳥，跟著農夫繼續向羊區走。

千鳥媽媽見阿狗走很遠了，嘀——的一聲長鳴，降落在小千鳥的附近。這些小千鳥一溜煙似的拔腿飛奔到媽媽身邊，總算個個都平安。

千鳥家庭又一次愉快的團聚在一起，好像沒事發生過，邁著快步，大家向前走。輻射散開、聚攏、避難，處變不驚……，這是牠們生活的一部份。

而我的心被吊在半空中，魂早已被嚇走了一大半。

# 19 痴情雁

廣大的天空，是鳥雀鷹雁的航道，南來北往，忙碌紛紛。有時是密密麻麻的鳥群飛越上空；有時是孤獨寂寞的單飛鳥劃破藍天；也有對對佳偶比翼情深，掠空飛過。

這一片農地上面，老天倒很公平，從東邊的山頭，橫跨山谷，一直延伸到西邊的山頭，大農小農擁有的，都是同樣的一片藍天。

如此廣大的天空，是鳥雀鷹雁的航道，南來北往，東西飛行，忙碌紛紛。有時密密麻麻的鳥群飛越上空，羽翅摩擦得沙沙作響；有時孤獨寂寞的單飛鳥，雙翅不急不徐，一下一下搧動著，由遠而近而遠，劃破藍天；也有對對佳偶，雙雙展翅，比翼情深，掠空飛過；晴朗的天空，還有小小鳥兒隨母鳥學飛行，忽前忽後、時飛時停、高高低低，一不小心掉落地面，母鳥可擔心了。

農地上，鳥雀起飛又降落，休憩片刻又起飛。鳥多的時候，繁忙可比國際機場尖鋒時段，有過之而無不及。

## 大雁南飛

窗前的大樹Sapiun，綠色葉子隨風搖曳。當綠葉片片換成醒目的血紅，便是天涼好個秋。藍色晴空，第一陣雁群，排成整齊的行列，向南方飛去。

本地大雁多來自北國加拿大。秋風初起，加拿大的氣候漸冷，趕在雪花飄飄，蓋滿大地之前，陣陣雁群，浩浩蕩蕩大舉南移。等到明春，冰雪融化，再度飛回北地。

迢迢南飛的旅途中，經過千山萬水，聰明的雁群在路上尋找安全的落腳點，歇歇腿、喘口氣。我們農場地方小，居然被牠們相中，雁群降落在綠草地、池塘邊、山腳下，增添無限的活力。加拿大雁的體型比野鴨大，全身灰黑，黑頸細長，黑色面頰左右各印上一道寬闊的灰白色斜紋，黑白對比，搶眼極了。

住城裡的時候，每到深秋，偶然看見幾隻加拿大雁出現在公園水池邊，悠悠地邁著步伐，眞叫人疼愛。

我們的農場上，有許多圍籬分隔開雞鵝羊群。雖然圍籬限制了牠們的行動，但同時也保障了牠們的安全，連阿狗都無法隨意進入各區，打擾牠們的生活。雁群飛來，降落在廣大的草地上，羊對雁不感興趣，視若無睹。雁群在羊區吃草走動，無拘無束。若是降在鵝區，大白鵝愛管閒事，老遠的嘎嘎叫，先發出警報，走近了，又是嘶嘶叫，向雁群挑釁，惹得雁群不安寧，草也吃不成，路也走不好，坐立難安，只得再度起飛，飛向他處。誰叫牠們選錯了區，運氣好的，降在魚區，魚區不大，但是有草有水，這時候，游水的游水，吃草的吃草，有的早已在樹蔭下，眼睛半張半閉的打起盹兒，舒適又快意。

## 鄰家母雁

多年前，有人送給後頭鄰居肯尼的母親幾枚大雁蛋，她拿去人工孵化，孵出四隻小雛雁。自己留下兩隻養在籠中，另外那兩隻，則住進隔壁樂寧先生爲牠們準備的屋棚下。

這四隻雁，很會生蛋，每年你生幾個蛋，我生幾個蛋，始終沒人清楚是幾隻公、幾隻母。牠們還經常互相拜訪，動物園中的熊貓，拜訪來拜訪去，最後都生出了一隻小熊貓，但小雛雁至今仍音訊渺茫。

附近鄰居都嘗過大雁蛋了，這兩年她們的蛋越生越少，算算也該進入更年期，於是，肯尼的母親打開籠門，就這樣放牠們自由了。

起初，牠們膽子很小，只敢在鐵籠附近走走。沒幾天，膽子大了，走遠了，一直走到土狼經常出沒的小溪谷活動。

這兩隻雁，從小被肯尼的母親關在籠中。晚上，土狼、臭鼬走過籠子前面，碰也不能碰牠們一下，牠們心中一定認爲野獸不可怕，甚至還會以爲野獸怕牠們，鐵籠造成了錯誤的假象。牠們對野獸，沒有一點戒愼恐懼的意識。畢竟是動物，吃過幾天安逸飯，忘記自己本來是什麼了？

野獸常來小溪谷。一晚，牠們雙宿小溪谷，正逢土狼出巡，意外捕獲一隻雁，另一隻跑得快，逃到我們魚池，游了一整夜。在清晨的陽光照耀下，牠走到我身邊，緊緊跟住我，不肯遠離。

我不知道肯尼的母親都餵牠吃什麼，我將穀子撒在地上，牠走過去吃地上的穀子；我手拿麵包，撕成碎片，牠也來吃我手中的麵包。南飛的大雁，充滿野性，離人老遠，一點也不肯接近人。牠到底是人養大的，與人親近，不擅南飛北飛，十足居家雁。

我走去菜圃整理果菜，牠靠近我身旁，用嘴翻啄那些清理出來的老菜葉；我走進車庫拿工具，牠也跟過來，不怕我關牠在車庫中；我走到池邊清理花草，牠跳進池中，不停的游。我早已習慣獨自一人在農地上工作，牠牢牢跟住我，怎樣驅趕都不走。看牠在暖和的太陽底下，想睡又不敢睡，眼睛半睜不閉，昨晚發生的事，一定讓牠極度受驚嚇。我伸手輕撫牠的頭，拍拍牠身體，希望牠喜歡待在這裡。

白日已盡，漫漫長夜，不知牠將如何度過？替牠擔憂了一整夜。次日，天未明，晨霧迷濛中，見牠在池中游，或許是在池中游過了黑夜，但願牠從此了悟野獸的厲害，不再輕敵。

碧波丰盈的池水，加上一片青青綠草地，已經吸引不少的大雁停留，如今進駐一隻落單的母雁，天啊！不知道將會吸引多少的異性過客。

## 魔鬼洞

山後鳥獸絕跡的地方，四壁峭立著白色花岡岩，有清涼的山泉，從谷底潺潺流出，形成一個方圓數十里的大湖泊，湖深幾許，無人知曉，黝黑的湖面，就是魔鬼洞。

魔鬼洞附近沒有別的人家，只有一位白髮皤皤老婦人，單獨住在不遠處橡樹林內的小木屋。她終日與浣熊、野鹿、山雀、鷹隼為伍，野獸分享她所種植的作物。她飲用山泉，使用太陽能作動力的來源，人類是她最後才想見到的動物。這裡，手機和廢物同等身價。

大雁南飛的季節，常有雁群降落魔鬼洞。遠近的動物，都將老婦人當成牠們的一份子，並不把她當作人看待。大雁與老婦人同在平滑的湖中游泳，默默地游過來，游過去，各自享受寧靜的生活。

這些大雁發現了農場草地上，有隻失群的母雁，接二連三開始對她產生興趣。從此農場不再太平，呼叫聲、吵鬧聲、打鬥聲不絕於耳。

## 流浪者之歌

先是一隻大雁飛過來降落池塘裡。牠圍繞正在悠游的母雁打轉，母雁不理牠。

游罷，母雁走上岸，牠也跟上岸。牠從草地跟到水中，又從水中跟到草地，母雁沒有半點歡迎牠的表示。

西沉的夕陽，無力的射出最後一抹金光，牠意興闌珊的揮動翅膀飛離池塘。不久，池邊又翩翩飛來一對大雁。大雁是生死相許的伴侶，絕不輕言更換配偶，除非另一半亡故，才肯另覓新偶。單身的母雁，漫步到池對岸，迎著彩雲，目送牠們雙雙飛去。

接著綠色草地上，先後飛來兩隻大雁，眼睛盯著母雁，爭著跟母雁交朋友。熱鬧的好戲要開始了。彼此先嘎嘎、嘎嘎地叫了一陣後，牠們展開翅膀，互相拍打對方，你賞我一掌，我打你一拳，一時無法分出勝負。只好使出最厲害的絕招，牠們開始舉頭，用堅硬的鈍嘴猛啄、猛啃，拉扯對方。這時，一個飛、一個打、一個啄、一個逃、一個躲、一個追，從池塘到草地，又從草地進入池塘，你來我往，我追你趕。牠們頭上身上的羽毛，漫天漫地飛揚飄舞，把人看得眼花撩亂。亂兵當中，一隻大雁拚命搧動破敗的翅膀，迅速逃離池邊。

留下的勝利者昂首挺胸，闊步走向母雁邀功時，母雁一冒的不理不睬，使牠神勇的步伐頓時躊躇不前。最後，牠識趣的飛走了。誰都沒有贏得母雁的芳心。

許多大雁飛來過，母雁卻一個也看不上眼。自小牠與姊妹單獨相處，對異性的認識實在不多，難道牠只對同性感興趣？

一個艷陽天，遠方的晴空出現黑黑的大雁身影。牠逐漸飛近池塘，飛越池塘上空，又折轉飛回來，嘎嘎叫著，降落在池塘。池中的母雁，游進蘆葦叢，失去了身影。大雁游來游去，遍尋蘆葦叢，不見母雁，失望的嘎嘎叫著，離開池塘。

次日清早，這隻頸上有一道印痕的大雁又嘎嘎叫著，飛來池塘，等待與母雁相識的機會。牠跟著母雁游泳吃草，母雁不理牠，卻讓牠跟隨。傍晚，大雁嘎嘎叫著，朝魔鬼洞方向直直飛去。從此，牠天天早來晚歸。

不知經過第幾天，大雁嘎嘎叫著降落池塘，又嘎嘎叫著起飛，是牠邀請母雁雙飛。牠回頭瞧見母雁仍站在原地不動，只好再飛向池塘，繼續做跟班。

有時大雁來得晚，母雁站到高岡地上，引頸望向魔鬼洞，頻頻張望。牠們的愛情終於有了苗頭。

一日，大雁飛來，又嘎嘎叫著起飛，母雁立刻展翅，追隨大雁。大雁一路飛，一路嘎嘎叫，牠們一前一後，雙雙飛離池塘。沒多久，又雙雙飛了回來。

大雁日夜追隨母雁，牠們雙宿雙飛的日子終於來臨。

母雁是家雁，是乖乖女。不知道大雁來自哪裡，像個流浪漢。牠與母雁成爲伴侶，結束浪跡天涯的生活，我們衷心祝福牠們。

相伴相隨的日子太甜密了。池塘裡、草地上，到處可以見到牠們愛的小窩，但願牠們比翼雙飛，直到白頭。

天下事，本來就難以預料。一次，牠們雙雙飛出去，大雁嘎嘎叫著飛回來，惟獨不見母雁蹤影。大雁伸長頸項，東叫西叫了一整天，母雁始終沒有出現。

這農地，原本不是大雁的故鄉，只爲找尋母雁的行蹤，牠留在池邊，等母雁歸來。蘆草、柳蔭、岸石，晨霧、月光、夕照，綿綿的情思，無盡的想念。

牠，水不飲，草不吃，成天只是嘎嘎、嘎嘎叫個不停，呼喚著母雁。母雁始終沒有回應。

夜晚，北風吹落一地松針。松濤陣陣，一陣緊過一陣，彷彿是在伴奏。

# 20

# 秋獵

農夫拿槍走向二號池塘，只見池邊的鵝全朝同一方向緊盯，他好奇地走過去，一隻雉雞在鵝區。牠見農夫走近，立刻往草堆裡鑽，農夫舉槍對正紅心，一槍命中！

搬來農場不久的一個早上，農夫和我正在屋內用餐，有隻羽毛鮮麗的雉雞，昂首闊步，眼觀八方，走過窗戶外面草地，我們不約而同，丟下了碗筷，在屋內沿著窗戶看牠走路。

窗戶玻璃會反光，牠並沒有注意到我們。看牠的個頭不大，兩腿卻與孔雀腿一般粗，走起路來，可是比孔雀穩多了。她不慌不忙，邁開大步，來到小客廳窗邊。走在新開發的陌生環境裡，牠沒有吃一粒穀子，也沒有吞一條蟲，連續不停舉步前進，我們目送牠，走入黃草堆中，消失無蹤。

短暫的驚鴻一瞥，令人難以忘懷。

## 帝王與貴人

如果說，孔雀金碧輝煌，尊貴有如王室，位高極上；那麼雉雞華麗，既富且貴，是達官貴人。

牠面頰兩邊各有一塊殷紅，鑲在湖水藍的頭頸上，十分醒目。金色翅膀與棕色背腹的羽毛，散發絲絲閃亮的金光。深色斑點撒滿身上，成爲很好的掩護，讓牠隱蔽草叢間，不易被察覺。

牠尾部那一撮羽毛不多，長短參差不齊，有幾根最長的，比牠自己從頭頂到身體的尾端還長。牠將長長的尾羽拖在地面上，突肚挺胸走過母雉雞面前，雍容華貴的風度，得意非凡，簡直比金榜題名的狀元還神氣呢！

雉雞的種類多，金雉、銀雉、帝雉皆十分稀有，受人喜愛，被豢養在籠中，少見人，或者可說人少見。

這環頸雉（Ring Neck Pheasant）的頸部一圈白羽，像珠鍊。在美國各地，野外都可以見到環頸雉。

百多年前，一位美國駐中國上海的總領事，嚐了中國大廚烹煮的雉雞，又驚艷野生雉雞的美，決定將牠帶回美國。牠在美國生活，適應頗爲良好，迅速繁殖了一代又一代。

秋日午後，太陽暖暖的落在綠草地上，兩隻美麗的雉雞，沿河床走到隔壁

Joni 家羊區。綿羊低頭吃青草，不理牠們。

在這求偶的秋季，牠們一面走，一面低吟著，咳！咳！等待回音。粗啞的喉聲，讓頸部鼓動不停，陽光照耀胸頸羽毛，更顯光亮紅褐。面頰左右兩塊紅，在綠草地上，也變得紅艷照人。白色的項圈，愈增高貴。

牠們拖了細長尾巴，順淺坡向上，好像貴族正在巡視所屬領地，東張西望，與住雞區的孔雀對看上了。孔雀靜靜踏著王者的步伐，從容不迫，走向雉雞。兩隻雉雞，仔仔細細將孔雀盯著看了好一陣子，不聲不響，又順淺坡走回小溪，沒入溪邊的草堆裡。

雉雞雖美，終究無法取代孔雀王者之尊。

## 獵雉雞

雉雞多愛在地上活動，吃穀粒、種子、嫩芽、小蟲。天冷也不南飛，牠將全身層層的羽毛鬆開，加強保暖作用。牠不甚怕人，見了人就躲到附近草叢中，人若是衝著牠來，一步步慢行到牠身邊，才要靠近，牠便緊急搧動翅膀，迅速飛離，留下人措手不及，眼睜睜看著牠遠去，而手空空。

一陣陣秋風吹得落葉在半空中狂舞。黃葉飄飛的時節，正是雛雉長成的時候。牠們羽毛豐滿，顏色鮮明，獵人磨槍備用。

獵雉得先買執照，一年之中，規定只有幾個星期，可以用槍射雉雞，其餘時間，准看不准射。美國人並不是個個守法，鄰居小朋友告訴我們：「可以射，但不可以說。」相信他家大人都是這樣做的。我們不想惹麻煩，還是乖乖守法省事。

准許射幾隻雉雞，各地又有不同的規定。不准濫殺是爲了維持雉雞的數目，不至於瀕臨絕種。

未經農地主人同意，雖然看見雉雞，誰也不能隨意進入開槍射擊。否則，農地主人可以開槍射人，因爲這算擅自闖入。

獵人需身穿紅色的背心，以防另有其他獵人同時打獵，誤射中人。

一切準備妥當，獵人進入野草及腰的獵區，開始狩獵。

獵雉雞不像獵狐，雉雞沒有狐那般聰明與狡猾，不需要獵狗幫忙。狗沉不住氣，猛吠亂追，反倒會驚嚇了雉雞，將雉雞趕跑，耽誤正事。

獵人獨自在草叢中慢慢移動，悉悉嗦嗦的聲音，驚動雉雞，牠便鑽進更深更遠的草堆。眼尖的獵人早已看到牠，輕巧的走到射程之內，碰！獵獲一隻雉雞就這麼簡單。

如今槍的設計實在太精準了，自動紅心裝置，哪裡需要用心瞄準，紅點放對位置，獵人簡直可以說是百發百中，太沒意思了。

替我們修理鐵牛車的維克（Vic），每次去打獵都是滿載而歸。有時他會給我們雉雞與斑鳩，倒是忘記問他，這都是他一個人獵到的嗎？每次豐收，眞有那麼好的事情？

一到秋天，農場忙著秋收秋藏。寒冬降臨前，事情特別多，哪來心情秋獵？二號池塘裡，有幾隻昏蛙，這冷天還在大唱情歌，吵得人快聾了，農夫取槍，準備射蛙。他拿槍走向二號池塘，只見池邊的鵝區，鵝頭全體朝同一方向，緊盯牢地面，農夫好奇走過去瞧瞧，一隻雉雞在鵝區。牠見農夫走近，立刻往草堆裡鑽，農夫舉槍，對正紅心，一槍命中。這新槍還眞管用！

日夜聽到槍聲，碰碰！碰碰！正在羨慕別人，不知他們都獵得些什麼好東西？這下，我們終於嚐到秋獵的滋味，得來全不費功夫。倒霉的雉雞！

## 養雉雞

獵雉雞很容易，獵人每次出獵，多少總會獵得幾隻，獵人個個歡天喜地。雉雞的數量快速減少，到哪裡去找足夠的雉雞？少了雉雞，秋獵將會變得無趣。因此農家開始養雉雞配合秋獵。圈養的雉雞，到了秋天，放出野外自由活動，提供獵物給獵人。

野外生活的雉雞，最需要逃生的本事。

農地尚未完全開發時，到處荒草一片，走在草叢中間，偶遇離群的野火雞也在草中走動，見到我們立刻低頭，原地蹲著不動。農夫與我相對說：「捉住牠。」晚上有野火雞加菜了。

四野茫茫的草叢，我們對望之後，卻失去了野火雞的方向，不清楚這野火雞正確的位置在哪裡，只好分頭往前走，正在快要走近牠的時候，牠出其不意展開了飛機雙翼般寬大的翅膀，立地飛起，再將雙翅強力一搧，擦過我們的身邊，滑翔飛越小溪谷，到對岸矮樹林。我們就是舉槍也來不及瞄準，何況當時手中無槍，眼看這到嘴邊的野火雞大餐飛到了小溪對岸，大嘆沒有口福。

雉雞的翅羽短小，不能與野火雞的長翅比，牠整個身體加尾羽的長度，與短翅極不成比例，猛力揮動翅膀，可以直立起飛，但飛不遠。飛一飛就得降落，仍在射程之內的，必定成為獵獲物，這是牠的弱點。

野生的雉雞，經過野地求生訓練，頭腦不簡單。遇敵，牠會斜撐開一隻翅膀，拖著地走，假裝翅膀受傷，或是一拐一拐的跛行，假裝腿受傷，讓敵人掉以輕心，放鬆腳步慢慢來。誰知道，牠突然來個原地緊急起飛，升空離去，敵人手腳並用，加緊追逐，已經來不及了。

豢養的雉雞放生野外，秋收後野地上殘留的穀粒種子很多，謀生不成問題。但是牠們不懂逃生技倆，飛行本領也不高明，最多只會往草裡鑽。

秋高氣爽的清晨，霧氣上升，逐漸消散。一群雉雞，擠在路邊剛收割的高粱地上遊逛，沒有領袖帶隊，亂作一團，前進的方向不確定，見了人也不躲避，一看便知，是人養的雉雞。牠們的生命，很快會交給野獸與獵人，用膝蓋都可以想到。

## 都是美麗害了牠

野地上，斑鳩灰灰的，鵪鶉黑黑的，走在地上極不顯眼；小黑鳥更是一身黑，沒人想去多看牠一眼。

雉雞鮮艷亮麗的羽毛，一束長長的尾羽及地，走到哪裡，總會引人注目。看牠走路不快，飛又飛不遠，容易讓人產生占爲己有的心。

一次開車經過田間小路，路邊黃草堆中雉雞探出了身體，紅紅綠綠，漂亮的羽毛，來往車輛都分了心。有人立即在路邊停車，走進草叢捕捉。

我不知道，他打算如何空手捕雉雞？但我知道，沒人會因爲見到斑鳩、鵪鶉而急急下車的。都是美麗害了牠。

鄉野小鎮，秋獵不過獵獲幾隻美麗的雉雞，獵人已經驕傲滿意了。其他動物被保護，少打牠們的主意。稀有的紅狐、灰狐，受到嚴密保護，聽人說，牠們身上帶有信號，不小心獵到了，後面不知有多少麻煩事情會跟著發生。上次爬山遇到灰狐，走在山路的獨行客，見人也不知讓路，膽子可眞大。

維克給過我們幾隻斑鳩與雉雞，身上子彈數不清，是他用散彈槍打的。洗淨的時候，我一粒一粒挖寶，不斷挖出許多粒小小的子彈。

品嚐野味美食，最怕嚼出子彈來，咬到了牙齒，痛徹心腑，動搖齒齦。可用的已經沒幾顆好牙，多麼寶貝的老牙齒，毀於一粒小小的子彈，太不划算了。

並不是我本人長得不怎麼樣，就淨說美不好。農夫與我，是阿土與阿土，美醜和我們無關，做個阿土最開心。只爲喜愛土，我們來到山腳下。

山腳下，荒郊野地，動物生存不易，處處埋伏，防不勝防。惟有土，與自然結合一體，降低注意力，方可躲過危機、躲過秋獵，得以活命。

# 21 野宴

客人帶來醃過的雞腿、豬肉片、牛肉片和生菜、水果、沙粒、蛋糕，擺滿木桌上。我也準備了茶葉珠雞蛋、烤燻肉鮭魚、烤羊腿、烤雞胸肉、烤肉串、烤玉米招待客人。爐中炭火正旺，野宴就是要邊吃邊烤，最有味道！

城裡人都喜歡到鄉下走走，呼吸新鮮空氣，看天、看山、看草、看樹。說是鄉下的空氣比城裡的新鮮，天空比較大，山比較多，草與樹比較綠。

的確，農地上一年四季景物轉換，春夏秋冬各有盛景。就說我們的靠山，聖他安娜峰，從嫩綠、青綠、黃綠到枯黃，一年過去，這是時光漸漸走過，山頭漸漸的轉換了它的顏色。我們欣賞大自然，同時也默默領受大自然的偉大。

## 有朋自遠方來

農夫四十年老友徐博士夫婦與于博士夫婦，比自己人還親，他們來農場最簡單，一句話：「自己去田裡找東西吃。」就打發掉了。

他們去田裡摘蕃茄當早餐，到池塘釣魚當晚餐。農場裡頭事多，沒人吃午餐，他們的午餐也省了。

畜牧系師友，年年來農場聚會。有一年，選在年尾，冬陽透過已剪枝的葡萄架，暖暖的照在身上。雖然昨日曾經狂風驟雨，大家依然把握暫晴的陽光，盡興享受團聚之樂。

參加聚會的男女系友，比例上女多於男，有人便問馬老師：「老師，男生都到哪裡去了？」

馬春祥老師是農夫在大學寫論文的指導教授，生氣學生不用功，時常訓學生，對學生要求是出了名的嚴格。如今退休了，說話語氣溫和，笑臉盈盈，和學生像朋友一般，與從前判若二人。

拍團體照片時，有人提議：「當過的站一邊，沒當過的站另一邊。」老師的耳朵不靈，沒聽見。

吳大律師，從小與我們在聯勤游泳池一起游泳長大。當我們在猛練游泳時，他在家中猛啃書本，現代書、古書都有研究。

如今，大家都成家，他呼朋喚友、攜妻帶女到農場遊玩。圍坐葡萄架下，幾杯老酒下肚，吳老弟肚內的文字翻騰。趁天色尚未全黑，藉著驅趕蚊蟲的燭火，有感而發：

客去燭殘酒樽空　半張畫紙三更鐘
道是王謝堂前燕　不飛江南過寒冬

* * * *

斜風細雨陰滿庭　兩處相思一柱情
萬千心事雖道盡　孤燈伴我到天明

* * * *

十里紅塵十里霧　流沙過客暫借住
小院寂寂少人來　問君今夜念奴無

洋洋灑灑寫了三首七言絕句，方才打道回府。

山腳下的景緻，冷也好，熱也好；風也好，雨也好；晴也好，陰也好；榮也好，枯也好，只要來到農場，白天暗夜都有看頭。

夏秋時節，串串晶瑩的葡萄，從架上垂了下來。尚未成熟的葡萄，只有小朋友的手最閒，偷偷摘下整串的葡萄嘗鮮。葡萄太新鮮了，是酸的，嚐一口便整串扔在地上。

客人帶來醃過的雞腿、豬肉片、牛肉片和生菜、水果、沙粒、蛋糕，擺滿木桌上。我也準備了茶葉珠雞蛋、烤燻肉鮭魚、烤羊腿、烤雞胸肉、烤肉串、烤玉米招待客人。爐中炭火正旺，野宴就是要邊吃邊烤，才有味道。

## 茶葉珠雞蛋

春天，母珠雞生下許多蛋。珠雞蛋約爲雞蛋的三分之二大小，蛋黃比雞蛋黃細膩。

將珠雞蛋盛在冷水中煮滾約五分鐘，倒掉滾水，將滾熟的珠雞蛋浸入冷水，不停的加入冷水，直到蛋完全冷卻。

輕敲蛋殼，使有裂紋而不碎裂開。

每一個蛋殼上，都小心的敲了足夠的裂紋，便將冷水浸過的蛋再次加水煮滾，同時加入烏龍茶葉及少許鹽，也可加入幾粒八角或五香粉。約煮三分鐘，茶葉完全泡開，鹽也化開，就可熄火。

浸過一夜，第二天可取蛋食用，或以小火煨煮二、三小時，越久越有味。注意鍋中水需蓋過蛋，每一個蛋才能平均入味。浸得越久，一口咬開細細的蛋黃，越有濃濃的茶葉香。

## 烤燻肉鮭魚

燻肉（bacon）是豬的五花肉加鹽，煙燻而成。鮭魚(salmon)盛產的季節，往往大減價，幾塊錢可以買一條鮭魚，一塊幾毛錢買半條鮭魚。

將鮭魚清洗乾淨，魚身淋點酒，薑片擦一擦魚身，丟棄不用。已有鹹味的燻肉，一條一條包裹在鮭魚身上。再包上一層鋁箔紙，周邊緊密封口，就可以放在爐上烤了。

烤魚可將魚身連中央大骨，一段一段切開，包住燻肉分段烤，也可以整條或半條裏好燻肉一起烤，烤約三十分鐘到一小時。

鮭魚加燻肉的鹹味與香味，一打開鋁箔紙，軟嫩的魚肉與肥美的燻肉合而爲一，不怕膩的喫客都跟過來了。

## 烤羊腿

羊肉肉質細嫩，連皮一起烤的羊腿，皮上油水滋潤了腿肉，腿肉軟滑，非常順口。

農場的羊是山羊，沒有綿羊肉的羶腥味。

烤羊腿之前，先將腿肉肥厚部分切劃幾刀，較容易熟透。再淋些米酒，取蔥切段，蘿蔔切片，撒些鹽，將腿醃一下。也可以什麼都不抹，待烤熟了，自己加鹽，撒黑胡椒粉。

將整隻腿放在火上燒烤，亦可用錫箔紙把腿包裹後烤，時間需久一些。明火烤的，等皮烤焦，大致上已可食用。包裹烤的，需烤一小時以上，視腿的大小與火的興旺而定。

羊腿烤熟，香味四溢，用利刀切成薄片，供大家取食。若切厚片，不但易塞牙，且品嚐不出眞正的美味。

## 烤雞胸肉

中國人大多喜食雞腿，對於雞胸肉不感興趣。

以營養觀點來說，雞胸肉屬於白肉，膽固醇含量低，對心臟好，與雞腿的肉質比起來，是健康食品。市場上，切出來的雞胸肉，價格不便宜，老外會選購，但老中多捨雞胸肉而取雞腿。

整片雞胸肉，用酒、鹽、糖、醬油，加蔥、薑、蒜、迷迭香(Rosemary)、鼠尾草(Sage)，醃入味，放置火上燒烤。

雞胸肉並不薄，需烤一陣子，約十五到三十分鐘，用叉子叉了，容易穿透胸肉，便是熟了。

烤得恰到好處的雞胸肉，軟度適中且多汁，眞是意想不到的美味。

## 烤肉串

雞肉、豬肉、牛肉切大丁，以細竹籤可以穿過。（細竹籤在中外超級市場都有售。）

醃料用酒、鹽、糖、醬油、蔥、薑、大蒜，也可放些迷迭香、鼠尾草，增加香味。

蔬菜可用青椒、紅椒、黃椒、小黃瓜、綠白菜花、胡蘿蔔等，比較有厚度的菜蔬，葉菜類較不適宜串烤，太薄，容易烤焦。

蔬菜切方形大丁，與醃好的肉丁間隔串成一小串、一小串，放著燒烤。愛肉的，一塊菜、一塊肉；愛菜的，幾塊菜一塊肉，或根本不放肉。

蔬菜大多是可生食的，所以肉丁不可切太厚，以免菜軟爛，肉未熟；等肉熟，菜已焦。

一口肉，一口菜，多麼健康的燒烤！

## 烤玉米

烤玉米很省事，但記住，要帶皮一起烤。

連皮的青綠色新鮮玉米，不要剝皮，直接擺放爐上慢慢烤。等外皮焦黃，內部已烤熟。

取出玉米，不可立即剝開皮，熱蒸氣會燙手。待稍涼，剝去外皮，玉米粒透出皮上的清香。

品味來自農村的清香，是一種享受。

## 馬鈴薯沙拉

這是畜牧系于灣華學妹的簡易拿手菜。

加入煮熟切丁的馬鈴薯、紅蘿蔔、綠豌豆、羊火腿，與買來的沙拉攪拌均勻，不用再調味，便可做成兩倍、三倍多的沙拉備用。

魚肉果菜加啤酒汽水，菜餚滿桌。小孩的肚子最先撐飽了，去取水壺，灌滿水，到菜圃幫忙澆水，也有人捉了大肚魚來玩。當大人一聲令下：「回家去」，他們放下水壺，丟了魚，跟著大人走。

野宴結束了，我們將半死的魚兒放回池塘，讓牠們喘口氣。

下次的野宴，再請魚兒出力吧！

# 後記

六年前，農夫與我決定來到山腳下，遠離塵囂，過恬靜的鄉村生活。這是我們一直嚮往的生活。

從一片荒草地開始，我們起屋，我們種樹，我們養雞、養鵝、養羊，我們種菜、種花、種果。我們的腳步，走遍了十畝地上的每一個角落。

多少個大太陽的日子，多少個颱風雷雨的日子，多少個霜凍雪地的日子，靠著我們天生的一把硬骨頭，都給撐了下來。

山腳下，也有好時光，朝露晨曦，晚霞夕照，四季景象，瓜果豐收，花菜盛美，魚羊肥腴，土雞土鵝，野獸飛禽……，數也數不盡，說也說不完。對於我們，都是無上的享受。

農場一做六年，人生能有幾個六年？我們的人生，已走過第九個六年，正邁向第十個六年。

面對逐漸偏西，逐漸靠近遠山的日頭，我們開始感覺它的移動，越來越快。

農夫回憶從前時，總愛說：「農場是一個美夢的實現。」

確實，我們未曾想過，三十年前的白日夢，終於夢想成眞。

我將農場生活的點點滴滴，記了下來。

朋友看過我文章，好奇問農夫，「你怎麼會從屋頂上掉下來的？」

事隔多年，農夫不記得有過這回事。何況掉下屋頂也不是什麼體面的事情。

農夫連忙否認，「我哪有從屋頂上掉下來。」

朋友說得斬釘截鐵，「農婦在書上寫的。」

可不是嗎？農夫得看我寫的書，方始眞正了解他自己曾經在農場所過的生活。

住在山腳下，農村自然的景物與城市大不相同。受到鄉土的薰陶，人會變野、心會變寬，任何事情，都不足掛心頭了。

鄉下飛禽走獸多，牠們有生命，生命是寶貴的。每天，牠們活生生的，日夜奮鬥爭生存，和平共存。

與我們人類相比，人類自認為文明進步。農夫與我，幾年來，見識各種鄉野的禽獸，總覺得許多方面，人類要向禽獸學習的地方還很多。

我們天天在學習，學到老，學不了。

New Way

匡邦文化 在閱讀與思考中創造未來

New Way16

# 開個農場

作　　者　沈珍妮
總 編 輯　林淑真
主　　編　廖淑鈴
編　　輯　蔡凌雯
校　　對　沈珍妮、潘慧嫺
內頁編排　李雅富
出 版 者　匡邦文化事業有限公司
聯絡地址　116 台北市羅斯福路四段200號9樓之15
E-Mail　dragon.pc2001@msa.hinet.net
網　　址　www.morning-star.com.tw
電　　話　(02)29312270、(02)29312311
傳　　真　(02)29306639
法律顧問　甘龍強律師
出版日期　2003年8月第1版第1次印行
總 經 銷　知己實業股份有限公司
郵政劃撥　15060393
台北公司　106台北市羅斯福路二段79號4樓之9
電　　話　(02)[illegible]、(02)23672047
傳　　真　(02)23635741
台中公司　407台中市工業區30路1號
電　　話　(04)23595819
傳　　真　(04)23595493
定　　價　230元

Printed in Taiwan
如有破損或裝訂錯誤，請寄回本公司更換

國家圖書館出版品預行編目資料

開個農場 / 沈珍妮著 -- 第一版.
-- 臺北市：匡邦文化, 2003[民92]
面； 公分. -- (New way ; 16)

ISBN 957-455-454-6(平裝)
1. 農場－管理 2. 農民－臺灣－傳記

431.7 92009175

# 讀者回函卡

## 您寶貴的意見是我們進步的原動力！

◎ 購買書名：開個農場

◎ 姓　　名：________________

◎ 性　　別：□女　□男　　年齡：　　歲

◎ 聯絡地址：________________　電話：________________

◎ E-Mail ：________________

◎ 學　　歷：□國中以下 □高中 □專科學院 □大學 □研究所以上

◎ 職　　業：□無　□學生　□教　□公　□軍警

□服務業　□製造業　□資訊業　□金融業　□自由業

□醫藥護理　□銷售業務　□大眾傳播　□ＳＯＨＯ　□家管　□其他

◎ 您從何處得知本書消息：________________

□書店　□報紙廣告　□朋友介紹　□電台推薦　□雜誌廣告　□廣播　□其他

◎ 您喜歡的書籍類型（可複選）：

□哲學　□文學　□散文　□小說　□宗教　□流行趨勢　□醫學保健　□財經企管

□傳記　□心理　□兩性　□親子　□休閒旅遊　□勵志　□其他

◎ 您對本書的評價？（請填代號：1. 非常滿意　2. 滿意　3. 普通　4. 有待改進）

封面設計________　版面編排________內容　________　文／譯筆________

◎ 讀完本書之後，您覺得：□很有收穫　□有收穫　□收穫不多　□沒收穫

◎ 您會介紹本書給朋友嗎？　□會　□不會　□沒意見

◎ 請您寫下寶貴的建議：

________________

________________

________________

________________

廣　告　回　函
台灣北區郵政管理局登記證
北台字第16079號

116 台北市羅斯福路四段 200 號 9 樓之15

**匡邦文化事業有限公司　編輯部 收**

請對折黏貼後，直接郵寄

寄件人：

地址：□□□＿＿＿＿＿＿縣／市　＿＿＿鄉／鎮／市／區

＿＿＿＿＿＿＿＿路／街＿＿＿段＿＿＿巷＿＿＿弄

＿＿＿＿號＿＿＿樓